医疗机构
污染物处理指南

YILIAO JIGOU
WURANWU CHULI ZHINAN

中国建筑文化研究会医院建筑与文化分会　**组织编写**

杨　芮　主　编

中国计划出版社

北　京

图书在版编目（ＣＩＰ）数据

医疗机构污染物处理指南 / 中国建筑文化研究会医院建筑与文化分会组织编写；杨芮主编 . —— 北京：中国计划出版社，2023.7

ISBN 978-7-5182-1541-6

Ⅰ . ①医… Ⅱ . ①中… ②杨… Ⅲ . ①医用废弃物—废物处理—中国—指南 Ⅳ . ① X799.5-62

中国国家版本馆 CIP 数据核字（2023）第 103274 号

责任编辑：常欣悦　　封面设计：韩可斌
责任校对：杨奇志　　责任印制：李　晨　　王亚军

中国计划出版社出版发行
网址：www.jhpress.com
地址：北京市西城区木樨地北里甲 11 号国宏大厦 C 座 3 层
邮政编码：100038　电话：(010) 63906433（发行部）
北京市科星印刷有限责任公司印刷

787mm×1092mm　1/16　9.5 印张　91 千字
2023 年 7 月第 1 版　2023 年 7 月第 1 次印刷

定价：36.00 元

编写委员会

组织编写单位：中国建筑文化研究会医院建筑与文化分会

主　　编：杨　芮　首都医科大学附属北京友谊医院

副　主　编：张亦静　中国中元国际工程有限公司

　　　　　　仲海玲　华夏中然生态科技集团有限公司

编 写 成 员：杜义鹏　北京市生态环境保护科学研究院

　　　　　　傅江南　暨南大学实验动物管理中心

　　　　　　黄如春　江苏省人民医院

　　　　　　王金良　北京大学第三医院

　　　　　　刘　欣　山东第一医科大学第一附属医院

　　　　　　　　　　（山东省千佛山医院）

　　　　　　刘　勇　北京大学人民医院

　　　　　　郝学安　山东省济宁市疾病预防控制中心

宋丽红　首都医科大学附属北京友谊医院

陈福曦　中国中元国际工程有限公司

胡　铮　中国中元国际工程有限公司

罗　刚　中国中元国际工程有限公司

李　哲　中国中元国际工程有限公司

易家松　浙江大学建筑设计研究院有限公司

安　浩　北京市建筑设计研究院有限公司

李传志　中信建筑设计研究总院有限公司

李　琼　中国建筑西北设计研究院有限公司

侯培强　亚太建设科技信息研究院有限公司

郑　斐　北京蓝源恒基环保科技股份有限公司

冯亚科　山东新华医疗器械股份有限公司

赵　鹏　山东大华医特环保工程有限公司

许昌相　北京禹涛环境工程有限公司

南品磊　上海联盈实验室装备集团有限公司

陈　旭　上海双昊环保科技有限公司

管政亦　上海明熙环境科技有限公司

业从平　江苏达泽节能环保科技有限公司

孙玉辉　恩华特环境技术（北京）有限公司

张志彬　北京金河生态科技有限公司

编 审 成 员：冯　斌　北京市医院管理中心

　　　　　　　周羽化　中国环境科学研究院

　　　　　　　王　祥　天津市卫生健康监督所

前　言

　　党中央、国务院高度重视人民健康，"十三五"以来，按照实施健康中国战略的要求，中央和地方政府不断加大对医疗卫生事业的投入力度，医疗卫生服务体系不断健全，更好地保障了群众常见病、多发病诊疗的需求，经受住了新冠疫情的考验，为全面建成小康社会提供了坚实保障。随着医疗卫生体系的进一步完善，医疗机构污染物处理的重要性越来越被重视。

　　医院是一个产生大量污染物的公共场所，包括医疗废物、化学药品、放射性物质、有害气体和液体废弃物等，这些污染物如果未经妥善处理，会对环境和公众健康造成严重威胁。保护环境和公众健康是医疗机构的社会责任。医疗机构污染物处理是我国法律法规要求的一项必要措施，我们要认真贯彻《中华人民共和国环境保护法》《中华人民共和国固体废物污染环境防治法》《中华人民共和国水污染防治法》《中华人民共和国大气污染防治法》《医疗废物管理条例》等法律法规，对污染物进行正确处理和排放。

本书前三个章节分别为医疗机构污水处理、医疗机构废气处理和医疗机构废物处置，分别从分类、排放标准、净化系统、处置工艺及检测要求等方面进行了详尽论述，为医疗机构污染物处理处置系统建设提供全面指导；典型案例部分结合国内医疗机构的工程设计和运营管理经验，对各类型医疗机构污染物处理处置方式的投资建设、管理成本、处理处置效果及生命周期展开论述。本书从理论到实践，对污染物处理处置系统的建设及运营提供了全面技术指导。

本书参考了多方面的资料，经医疗机构、设计院、科研院所、高校等各方与医疗污染物处理处置系统建设相关的权威专家详尽论证编写而成，可为医疗机构、医疗废物处理公司、政府监管部门以及相关从业人员提供全面指导及可行性建议，有利于推动医院绿色发展，并帮助医疗机构在医疗废物、危险废物收集处理设施方面加快补齐短板。

编者

2023 年 4 月

目 录

医疗机构污水处理

1

医疗机构污水是指医疗机构门诊、病房、手术室、各类检验室、病理解剖室、放射室、洗衣房、太平间等处排出的诊疗、生活及粪便污水。当医疗机构其他污水与上述污水混合排出时一律视为医疗机构污水。

医疗机构污水处理主要是杀灭污水中的致病微生物，下面主要从污水概述、污水处理系统、污水处理工艺选择、污水处理在线监测与自动控制等方面进行论述。

1.1 医疗机构污水概述

1.1.1 污水的来源

医疗机构污水按医疗机构类型及排水性质分为：传染病医院污水、非传染病医院污水和特殊性质医院污水。

传染病医院污水指传染性疾病专科医院及综合医院传染病房排放的诊疗、生活及粪便污水；非传染病医院污水指各类非传染病专科医院及综合医院除传染病科室及病房外排放的诊疗、生活及粪便污水；特殊性质污水指医院检验、分析、治疗过程中产生的少量特殊性质污水，主要包括酸性污水、含氰污水、含重金属污水、洗印污水、放射性污水等。

医疗机构污水除按照建筑污水处理要求处理外，病区与非病区污水应分流，建立严格的医疗机构内部卫生安全管理体系，严格控制和分离医疗机构的污水和污物，不得将医疗机构产生的污物随意弃置、排入污水系统。

1.1.2 污水的水量及水质

1. 污水的水量

医疗机构的污水量取决于医疗机构的用水量，医疗机构的用水量又与医疗机构的规模、设备数量、医疗内容、住院和门诊人数以及地域气象条件、人的生活习惯和管理制度有关。一般认为污水量等于用水量的 85% ~ 95%。如何正确地估算医院中的用水量和污水量，对于医院污水处理构筑物和消毒剂投加设备的容量是十分重要的。

新建、改建和扩建的医疗机构污水排放量应根据现行国家标准《建筑给水排水设计标准》GB 50015 进行取值设计，现有医疗机构污水排放量根据实测数据确定，无实测数据时可参考以下数据计算：

（1）设备齐全的大型医院或 500 床以上医院，平均日污水量为 400 ~ 600 L/（床·d），污水日变化系数 K_d 取 2.0 ~ 2.2。

（2）一般设备的中型医院或 100 ~ 499 床医院，平均日污水量为 300 ~ 400 L/（床·d），污水日变化系数 K_d 取 2.2 ~ 2.5。

（3）小型医院（100床以下），平均日污水量为250~300L/（床·d），污水日变化系数 K_d 取2.5。

2. 污水的水质

医疗机构污水的水质情况十分复杂，其中理化指标、生物学指标、毒理指标等与工业污水和生活污水完全不同。医疗机构污水水质与医疗机构的类别、收治病人的类型与人数等因素密切相关。一般来说，综合医院污水与生活污水生物性、理化污染指标相似；传染病医院污水则通常含有大量的传染性细菌和病毒，其危害较大。设施较好、规模较大的省（区、市）级医院，由于收治病人人数较多、病人类型繁杂，其排放污水水质通常比规模较小的县级和乡镇医院差。

医疗机构污水水质以实测数据为准，无实测数据时污水水质参考表1.1-1取值：

表 1.1-1　医疗机构污水水质指标参考数据

指标	污水浓度范围	平均值
化学需氧量 COD /（mg/L）	150 ~ 300	250
五日生化需氧量 BOD_5 /（mg/L）	80 ~ 150	100
悬浮物 SS /（mg/L）	40 ~ 120	80
氨氮 NH_3-N /（mg/L）	10 ~ 50	30
粪大肠菌群 /（MPN/L）	1.0×10^6 ~ 3.0×10^8	1.6×10^8

1.1.3 污水的排放标准

县级及县级以上或 20 张床位及以上的综合医疗机构和其他医疗机构污水执行国家标准《医疗机构水污染物排放标准》GB 18466—2005 中表 2 综合医疗机构和其他医疗机构水污染物排放限值（日均值）的规定，直接或间接排入地表水体和海域的污水执行表 1.1-2 "排放标准"限值的规定；排水至终端已建有正常运行城镇二级污水处理厂的下水道污水，执行表 1.1-2 "预处理标准"限值的规定。带传染病房的综合医疗机构，应将传染病房污水与非传染病房污水分开。传染病房的污水、粪便经过消毒后方可与其他污水合并处理。传染病医疗机构污水排放执行表 1.1-3 的规定。

表 1.1-2　综合医疗机构和其他医疗机构水污染物排放限值（日均值）

指标	化学需氧量 COD/（mg/L）	五日生化需氧量 BOD$_5$/（mg/L）	悬浮物 SS/（mg/L）	氨氮 NH$_3$-N/（mg/L）	总余氯/（mg/L）	粪大肠菌群数/（MPN/L）
排放标准	60	20	20	15	0.5	500
预处理标准	250	100	60	—	2～8	5 000

注：1. 采用含氯消毒的工艺控制要求：
　　　排放标准：消毒接触池接触时间大于或等于 1 h，接触池出口总余氯 3～10 mg/L；
　　　预处理标准：消毒接触池接触时间大于或等于 1 h，接触池出口总余氯 2～8 mg/L。
　　2. 采用其他消毒剂对总余氯不做要求。

表 1.1-3　传染病、结核病医疗机构水污染物排放限值（日均值）

指标	化学需氧量 COD/（mg/L）	五日生化需氧量 BOD₅/（mg/L）	悬浮物 SS/（mg/L）	氨氮 NH₃-N/（mg/L）	总余氯 /（mg/L）	粪大肠菌群数 /（MPN/L）
标准	60	20	20	15	0.5	100

注：1.采用含氯消毒的工艺控制要求为：接触时间大于或等于1.5h，接触池出口总余氯6.5~10mg/L。

　　2.采用其他消毒剂对总余氯不做要求。

县级以下或 20 张床位及以下的综合医疗机构和其他所有医疗机构污水经消毒后方可排放。

医疗机构污水排放均需按现行国家标准《医疗机构水污染物排放标准》GB 18466 执行，并且需要符合地方规定的排放标准，如有环境影响报告书，应满足环境影响报告书中要求的排放标准。

1.2 医疗机构污水处理系统

1.2.1 污水处理技术及原则

1. 医疗机构污水处理技术

医疗机构污水处理的目的是通过采用各种水处理技术和设备去除

水中各种物理的、化学的和生物的污染物，使水质得到净化，达到国家或地方的水污染物排放标准，保护水环境和人体健康。医疗机构污水一般排放量比较少，其处理规模属小型污水处理。根据医疗机构的性质、规模、污水排放去向和当地的处理要求等，医疗机构污水可以采用不同的处理方法和处理工艺流程。医疗机构污水处理系统主要包括一级处理、二级处理、深度处理和消毒处理等单元。不同处理工艺对应的污水处理效率见表 1.2-1。

表 1.2-1　不同处理工艺对应的污水处理效率

处理级别	处理方法	污染物处理效率 /%			
		悬浮物（SS）	五日生化需氧量（BOD$_5$）	总氮（TN）	总磷（TP）
一级处理	沉淀法	40 ～ 55	20 ～ 30	—	5 ～ 10
二级处理	活性污泥法	70 ～ 90	65 ～ 95	60 ～ 85	75 ～ 85
	生物膜法	60 ～ 90	65 ～ 90	60 ～ 85	—
深度处理	曝气生物滤池法、物理吸附法	90 ～ 99	80 ～ 96	65 ～ 90	80 ～ 95

注：一级处理的处理效率主要是沉淀池的处理效率，未计入格栅和沉砂池的处理效率；二级处理的处理效率包括一级处理；深度处理的处理效率包括一级和二级处理。

（1）一级处理。一级处理属于常规预处理，是将废水中的悬浮和漂浮状态的固体污染物清除，同时调节废水的浓度、pH 值、水温等，是后续处理工艺的预处理。医疗机构污水一级处理常用方法为沉淀法。经过一级处理后，可以有效地去除大部分悬浮物及部分 BOD$_5$，可去除废水中呈胶体状态和溶解状态的有机物、氧化物等。

一级强化处理是在一级沉淀处理的基础上进行改进，以提高处理效果的污水处理工艺，一般是指在一级处理的初沉池单元前加入混凝反应单元，以除去污水中的胶体，具有投资较小、运营费用较低的优点。

（2）二级处理。二级处理又称生物处理，常用的方法为活性污泥法、生物膜法处理工艺。经二级处理可以去除废水中大量的 BOD_5 和悬浮物，以及污水中呈溶解状态和胶体状态的有机物等，使水质进一步净化。

（3）深度处理。深度处理常用的处理方法为曝气生物滤池法、活性炭吸附罐法。将经过二级处理后未能去除的污染物质，包括微生物以及未能降解的有机物和可溶性无机物进一步净化处理。

（4）消毒处理。医疗机构综合污水消毒处理是处理工艺的最后阶段，其目的是杀灭医疗机构污水中的致病微生物和粪大肠菌群，达到排放标准的要求。消毒设施主要由消毒剂制备、投加控制系统与混合池、接触池组成。通常使用含氯消毒剂消毒，也有少数医院采用臭氧（O_3）或紫外线（UV）消毒。污水通过消毒池后，一般仍要保持一定的余氯量，以保证杀菌效果达到 99.99% 以上。

2. 医疗机构污水处理原则

（1）全过程控制。对医疗机构污水产生、处理、排放的全过程进行控制，严禁将医疗机构的污水和污物随意弃置排入下水道。

（2）减量化。严格制定医疗机构内部卫生安全管理体系，在污水和污物发生源处进行严格控制和分离，医疗机构内生活污水与病区污水分别收集，即源头控制、清污分流。

（3）就地处理。为防止医疗机构污水输送过程中的污染与危害，医疗机构污水必须就地处理。

（4）分类指导。根据医疗机构性质、规模、污水排放去向和地区差异，对医疗机构污水处理进行分类指导。

（5）达标与风险控制相结合。全面考虑综合性医院和传染病医院污水达标排放的基本要求，同时加强风险控制意识，从工艺技术、工程建设和监督管理等方面提高应对突发性事件的能力。

（6）生态安全。有效去除污水中有毒有害物质，减少消毒处理过程中副产物的产生，控制出水中的余氯，保护生态环境安全。

除此以外，医疗机构污水处理站还需要考虑医疗机构的近期、远期发展统筹规划，确定建设规模。

考虑到医疗机构污水的特殊性质，污水处理站建设需采用成熟可靠的技术、工艺和设备，做到运行稳定、维修方便、经济合理、管理科学、保护环境、安全卫生。医疗机构污水处理系统为保证医院污水处理构筑物检修需要，水处理构筑物及主要设备一般分为二组，每组按 50% 的负荷考虑；根据需要设应急事故池，以储存处理系统事故或其他突发事件时的医疗机构污水。

污水处理站排水宜采用重力流排放，也可根据情况设置排水泵站。污水处理构筑物需要设排空设施，排出的水需要回流处理；污泥、废渣及医疗废弃物的堆放场地需要采取严格封闭措施。

1.2.2 预处理

医疗机构污水预处理系统可分为常规预处理和特殊性质污水预处理（简称特殊预处理）。

1. 常规预处理

常规预处理通常由预消毒池、化粪池、脱氯池、降温池、格栅、调节池、水解池、混凝沉淀池等根据水质及处理要求组合而成。常规预处理的主要目的是去除污水中的固体污物，调节水质水量、合理消纳粪便，利于后续处理。

（1）预消毒池。传染病医疗机构的污水、粪便进行预消毒处理后进入化粪池，传染病医疗机构的污水进入污水处理系统前必须预消毒，接触时间不小于 30 min。通常采用臭氧消毒或添加含氯消毒剂的方法进行消毒，常用的含氯消毒剂有次氯酸钠、过氧乙酸和二氧化氯等，粪便消毒也可采用石灰，生物处理如采用加氯预消毒需进行脱氯。

应急医院和方舱医院预消毒池的接触时间不宜小于 1 h，通常采用含氯消毒剂消毒。非传染病医疗机构污水处理可不设预消毒池。

（2）化粪池。化粪池作为常规预处理设施，主要作用是拦截、沉淀污水中的悬浮性有机物和大颗粒杂质，并对固化有机物进行水解，成为酸、醇等小分子有机物，利于后续的污水处理。化粪池的设计、计算参照现行国家标准《建筑给水排水设计标准》GB 50015 设计。

（3）脱氯池。预消毒方式如采用加含氯消毒剂消毒，会保持有一定的余氯量。当余氯计量为 0.1 ~ 3.0 mg/L 时，COD 与 BOD_5 去除率呈下降趋势；当余氯计量大于 2.5 mg/L 时，活性污泥絮体解体，微生物大量死亡。投加过量含氯消毒剂，会导致污水中余氯过量，抑制活性污泥活性，影响生物处理效果，需在生物处理前设置脱氯池进行处理。脱氯池使用脱氯剂将经过了预消毒处理的污水在脱氯池中进行脱氯处理，以便脱除污水中的活性氯，避免影响后续污水处理工艺运行。脱氯剂一般采用硫代硫酸钠，可通过余氯监测仪控制脱氯剂的添加量。

（4）降温池。医院中心供应、内镜科、口腔科等科室设有高压灭菌器、清洗机，其产生的高温废水在排入污水管网前应设置降温池进行处理。

（5）格栅。格栅主要有粗格栅和细格栅之分，粗格栅主要用于去除水中漂浮物，细格栅主要去除水中一些细小的颗粒及悬浮物。

在污水处理系统或提升水泵前应设置格栅，格栅井可与调节池合建，格栅按最大时污水量设计。栅渣与污水处理产生的污泥等一同集中消毒、处理、处置。格栅宜选用自动机械格栅，小规模医疗机构可根据实际情况采用手动格栅。

（6）调节池。调节池是为了使管渠和构筑物正常工作，不受废水高峰流量或浓度变化的影响。

医疗机构污水处理系统应设调节池。连续运行时，其有效容积按日处理水量的 30% ~ 40% 计算；间歇运行时，其有效容积按工艺运行周期计算。调节池宜采用推流式潜水搅拌机，搅拌机选型应按照现行行业标准《潜水搅拌机》CJ/T 109 进行设备选型，搅拌功率应结合池体大小进行确定，一般可按每立方米所需功耗 5 ~ 10 W 进行计算。调节池设置排空集水坑，池底流向集水坑的坡度不应小于 3‰ ~ 5‰。

（7）水解池。水解池为常温水解酸化池，水解酸化过程能将废水中的非溶解态有机物截留并逐步转变为溶解态有机物，一些难于生物降解的大分子物质被转化为易于降解的小分子物质如有机酸等，从而使废水的可生化性和降解速度大幅提高，以利于后续好氧生物处理。水解酸化池一般采用上向流方式，最大上升流速宜为 1.0 ~ 1.5 m/h，水力停留时间（HRT）一般设计为 2.5 ~ 3 h。

（8）混凝沉淀池。混凝沉淀池是在混凝剂的作用下使废水中的胶体和细微悬浮物凝聚成絮凝体，然后予以分离去除。既可以降低原水的浊度、色度等水质的感观指标，又可以去除有毒有害污染物。医疗机构污水的一级强化处理宜采用混凝沉淀工艺。混凝剂一般采用聚丙烯酰胺（PAM）、聚合氯化铝（PAC）、聚合硫酸铁（PFS）等。

混凝沉淀池宜采用机械搅拌，絮凝和混凝池设计遵循现行行业标准《污水混凝与絮凝处理工程技术规范》HJ 2006 的有关规定，絮凝时间及混凝搅拌强度应根据实验或有关资料确定。当混凝沉淀池体采用钢结构设备时，应采取切实有效的防腐措施；斜板混凝沉淀池应设置斜板冲洗设施；其他形式混凝沉淀池应采取便于清理、维修的设施。

2. 特殊性质污水预处理

特殊性质污水预处理是对酸性污水、含氰污水、含重金属污水、洗印污水和放射性污水等特殊性质污水进行的预处理。特殊性质污水应分类收集，足量后单独预处理，再排入医疗机构污水处理系统。特殊性质污水种类及预处理方法如下。

（1）酸性污水。酸性污水是指医疗机构检验或制作化学清洗剂时，使用硝酸、硫酸、高氯酸、一氯乙酸等酸性物质而产生的污水。酸性污水宜采取中和法，中和剂可选用氢氧化钠、碳酸钠、石灰等，中和至 pH 值为 7 ~ 8 后排入医疗机构污水处理系统。

中和反应所需时间小于 10 min，但分离中和产物需 1 ~ 2 h，有效容积按一个废水变化周期的水量计算，医院酸性污水废水量小、水质变化大，宜采用间歇运行方式，投药量根据进水水质通过计算和试验确定，由于污水量小，宜采用一体化设备。

（2）含氰污水。含氰污水是指医疗机构在血液、血清、细菌和化学检查分析时使用氰化钾、氰化钠、铁氰化钾、亚铁氰化钾等含氰化合物而产生的污水。含氰污水宜采用碱式氯化法。含氰污水处理槽有效容积应能容纳医疗机构不少于半年的含氰污水量。

（3）含重金属污水。含重金属污水主要指含汞污水和含铬污水。含汞污水是指医疗机构各种口腔门诊治疗、含汞监测仪器破损、分析检查和诊断中使用氯化汞、硝酸汞以及硫氰酸汞等剧毒物质而产生的污水。含汞污水宜采用硫化钠沉淀＋活性炭吸附法处理。经活性炭吸附后，出水中汞浓度符合相关排放标准后方可排入医疗机构污水处理系统。

含铬污水是指医疗机构在病理、血液检查及化验等工作中使用的重铬酸钾、三氧化铬、铬酸钾等化学品而形成的污水。含铬污水宜采用化学还原沉淀法处理。处理后出水中六价铬浓度符合相关排放标准后方可排入医疗机构污水处理系统。

（4）洗印污水。洗印污水是指医疗机构放射科照片、胶片洗印加工产生的洗印污水和废液。洗印污水宜采用过氧化氢氧化法处理。处理后出水中六价铬浓度符合相关排放标准后方可排入医疗机构污水处理系统。洗印显影废液收集后应交由专业处理危险废物的单位处理。

（5）放射性污水。放射性污水是指同位素治疗和诊断中产生的具有放射性的污水。核医学项目卫生许可或环境影响评价报告中必须论证衰变池的大小。设计衰变池时应严格按照相关国家和地方规定要求，并从医院的实际情况出发，选择适合的方案进行科学设计，其最终目的是要保证核医学科放射性污水排放的安全性。放射性污水处理设施出口监测值应满足国家标准《医疗机构水污染物排放标准》GB 18466—2005 排放限值（日均值）要求，总 α <1 Bq/L，总 β <10 Bq/L。放射性污水应单独收集，直接排入衰变池。衰变池按运行方式分类有推流式串联衰变池与间歇式并联（槽式）衰变池两种，衰变池按收集的同位素种类和强度设计，衰变池的容积按不小于最长半衰期同位素的 10 个半衰期计算，或按同位素的衰变公式计算。

推流式串联衰变池运行流程如图 1.2-1 所示，放射性污水从第 Ⅰ 级衰变池池底进入，经一段时间衰变、暂存后，从第 Ⅰ 级衰变池顶部出口处进入第 Ⅱ 级衰变池，以此类推，从第 Ⅲ 级衰变池顶部管道排出。衰变池采用连通器原理，在各单个衰变池内，采用"对角线式"进出口，可以对放射性废液进行充分衰变，有效防止"短路"（即排入的放射性污水，因短路而直接排出），因此衰变池具有分隔放射性污水以及轮流存放和排放废水功能，可满足现行国家职业卫生标准《医用放射性废物管理卫生防护标准》中放射性污水存放 10 个半衰期的要求。

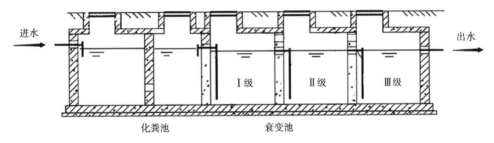

图 1.2-1　推流式串联衰变池运行流程图

间歇式并联（槽式）衰变池运行流程如图 1.2-2 所示，槽式衰变池由 N 组池体并联组合设置，各组池体为可独立使用的衰变池。槽式衰变池需要前置化粪池进行预处理。最大不同点在于并联衰变池每组可单独运行，而且每组之间可根据水位进行切换运行。图中并联衰变池为四组并联池。四组衰变池可交替间歇运行，系统应有远程水位显示、监测电动阀启闭状态及报警装置，并能手动控制电动阀及潜水泵工作。四组池体的总容积应通过科学计算确定，满足医院核医学总排水量的总体需求，以保证门诊患者就医的连续性。

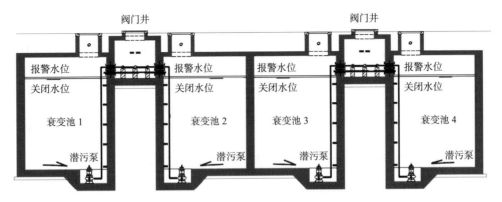

图 1.2-2　间歇式并联（槽式）衰变池流程图

收集放射性污水的管道应采用耐腐蚀的特种管道，一般为不锈钢管或塑料管。衰变池应防渗防腐。

1.2.3 生物处理及深度处理

生物处理工艺主要有活性污泥法、生物接触氧化法、膜生物反应器法，深度处理工艺主要有曝气生物滤池法、活性炭吸附罐法等。

1. 生物处理

医院污水采用生物处理一方面能够降低水中的污染物浓度，达到排放标准；另一方面可保障消毒效果。

（1）活性污泥法。活性污泥法是以悬浮生长的微生物在好氧条件下对污水中的有机物、氨氮等污染物进行降解的废水生物处理工艺，优点是对不同性质的污水适应性强，建设费用较低。缺点是运行稳定性差，容易发生污泥膨胀和污泥流失，分离效果不够理想。

活性污泥法的曝气池主要工艺参数范围：气水比 6∶1 ～ 10∶1，污泥负荷 0.1 ～ 0.4 kgBOD$_5$/（kgMLSS·d），曝气池内污泥浓度宜保持在 2 ～ 4 g/L，水力停留时间（HRT）为 4 ～ 12 h。曝气池、沉淀池设计遵循现行国家标准《室外排水设计标准》GB 50014 有关规定。

（2）生物接触氧化法。生物接触氧化法又称为"淹没式生物滤池法"，是一种介于活性污泥法与生物滤池法之间的生物技术，是生物膜法的一种形式。微生物需在填料表面附着生长形成生物膜。在生物膜上微生物新陈代谢的作用下，废水中有机污染物得到去除。生物接触氧化法的微生物固定生长在生物填料上，克服了悬浮活性污泥易于流失的缺点，在反应器中能保持很高的生物量；生物膜表面积大、可附着的生物量大、孔隙率大，基质的进入、代谢产物的移出和生物膜自身更新脱落，均较为通畅，生物膜能保持高活性和较高的生化反应速率。

在接触氧化池中，微生物所需要的氧气来自水中，需要不断向水中曝气供氧，空气通过设在池底的穿孔布气管进入水流。当气泡上升时向污水供应氧气，并起到搅拌与混合作用。

生物接触氧化法兼有活性污泥法的特点，而且其单位体积生物的数量比活性污泥法多，生物活性高；此外，底物和产物的传质速度快，不需要专门培养菌种，挂膜方便，可以间歇运行。操作简单、运行方便，污泥生成量少，污泥颗粒较大，易于沉淀，无需污泥回流，不产生污泥膨胀现象。对冲击负荷有较强的适应能力，在间歇运行条件下，仍能够保持良好的处理效果。但填料上的生物膜数量随 BOD_5 负荷增加而增加，不能借助运转条件的变化调节生物量和装置的效能；填料设置比活性污泥法复杂，曝气设施的安装和维护不如活性污泥法方便；同时，生物膜过厚时容易造成堵塞，在某些多孔填料的使用中，必须要有负荷允许的、必要的防堵塞冲洗措施。

在医疗机构污水处理设计中，应按平均日废水量进行计算，池座数一般不少于两座，按同时工作考虑；填料层总高度一般取 3 m，当采用蜂窝填料时应分层装填，每层高 1 m，蜂窝内孔径不宜小于 250 mm；池中废水的溶解氧含量一般应维持在 2.5 ~ 3.5 mg/L，气水比为 15∶1 ~ 20∶1；填料体积可按接触时间计算，亦可按 BOD_5 容积负荷率计算。通常生物接触氧化池污泥负荷可采用 0.8 ~ 1.5 kg（BOD_5）/［m^3（填料）·d］，水力停留时间（HRT）为 2 ~ 5 h，气水比为 15∶1 ~ 20∶1；为保证布水、布气均匀，每池面积一般在 25 m^2 以内；污水在池内的有效接触时间不得少于 2 h；其他工艺参数见现行国家标准《室外排水设计标准》GB 50014 等的规定。

（3）膜生物反应器法。膜生物反应器法（MBR）是将膜分离技术与生物反应器结合在一起的新型污水处理工艺。MBR 工艺用膜组件代替了传统活性污泥工艺中的二沉池，可进行高效的固液分离，克服了传统工艺中出水水质不够稳定、污泥容易膨胀等不足，具有以下优点：抗冲击负荷能力强，出水水质优质稳定，可以去除悬浮物，对细菌和病毒也有很好的截留效果；实现反应器水力停留时间（HRT）和污泥龄（SRT）的完全分离，使运行控制更加灵活稳定；生物反应器内微生物浓度高，可达 10 g/L 以上，处理装置容积负荷高，占地面积小；有利于增殖缓慢的微生物的截留和生长，系统硝化效率提高，可延长一些难降解有机物在系统中的水力停留时间，有利于难降解有机物降解效率的提高；剩余污泥产量低，甚至无剩余污泥排放。该方法适用于场地面积小和水质要求高的医疗机构。

2. 深度处理

（1）曝气生物滤池法。曝气生物滤池法（BAF）是生物膜处理工艺的一种，采用一种具有很大比表面积的新型粗糙多孔的粒状滤料，滤料表面生长有生物膜，池底进行曝气，污水流过滤床时，污染物被滤料表面的微生物氧化分解。目前，BAF已从单一的工艺逐渐发展成系列综合工艺，有去除悬浮物，降低COD和BOD_5，硝化、脱氮等作用。

BAF出水水质好，可去除污水中的悬浮物、有机物、细菌和大部分氨氮，出水悬浮物小于10 mg/L。微生物生长在粗糙多孔的滤料表面，不易流失，对有毒有害物质有一定适应性，运行可靠性高，抗冲击负荷能力强，无污泥膨胀问题。BAF容积负荷高，可省去二沉池和污泥回流泵房，占地面积通常为常规工艺的1/5 ~ 1/3。BAF需进行反冲洗，反冲水量较大，且运行方式复杂，但易于实现自控。BAF工艺适用于场地面积小和水质要求高的医疗机构。

（2）活性炭吸附罐法。医疗机构污水深度处理方式除曝气生物滤池处理方式外，还有少数采用活性炭吸附罐法。活性炭吸附罐法通常采用固定床式颗粒状活性炭吸附罐，活性炭的粒径宜为0.8 ~ 3.0 mm，长度为 3 ~ 8 mm，强度大于 85%。

选用活性炭吸附罐法时，应做吸附等温线，以确定炭种和滤速、吸附效率和炭的再生周期等。进水浊度不应大于 20 mg/L，pH 值宜为 5.5 ~ 8.5，空塔滤速为 5 ~ 10 m/h，炭层高度应满足吸附工艺的要求。当设备进出水压力差大于 0.05 MPa 时，应进行反冲洗，反冲洗强度为 5 ~ 10 L/（m²·s）。反冲洗时，应有防止活性炭被冲入管道内的保护措施。

生物处理及深度处理工艺的综合比较见表 1.2-2。

表 1.2-2 生物处理及深度处理工艺综合比较

工艺类型		优点	缺点	常用场所及投资比较
生物处理	活性污泥法	对不同性质的污水适应性强	运行稳定性差，易发生污泥膨胀和污泥流失，分离效果不够理想	适用于污水量大的医院污水处理工程，基建投资较低
	生物接触氧化法	抗冲击负荷能力高，运行稳定；容积负荷高，占地面积小；污泥产量较低；无须污泥回流，运行管理简单	部分脱落生物膜造成出水中的悬浮固体浓度稍高	适用于场地小、水量小、水质波动较大和微生物不易培养等情况，基建投资适中
	膜生物反应器法	抗冲击负荷能力强，出水水质优质稳定，能有效去除悬浮物和病原体；占地面积小；剩余污泥产量低甚至无	气水比高，膜需进行反洗，能耗及运行费用高	适用于医院面积小，水质要求高的情况，基建投资高
深度处理	曝气生物滤池法	出水水质好；运行可靠性高，抗冲击负荷能力强；无污泥膨胀问题；容积负荷高且省去二沉池和污泥回流，占地面积小，剩余污泥产量低	需反冲洗，运行方式比较复杂；反冲水量较大	适用于小规模医院污水处理工程，基建投资较高

续表 1.2-2

工艺类型		优点	缺点	常用场所及投资比较
深度处理	活性炭吸附罐法	处理效果好、操作简单、方便管理、工艺简单，处理装置安装维护简便、材料更换简单易行	吸附剂用量多，成本昂贵	适用于污水处理量小，出水水质要求高的小型医疗机构，基建投资高

1.2.4 消毒

医疗机构污水消毒常采用的方法有含氯消毒剂消毒（二氧化氯消毒、次氯酸钠消毒）、臭氧消毒和紫外线消毒等。

1. 含氯消毒剂消毒

含氯消毒剂消毒系统参照现行国家标准《室外排水设计标准》GB 50014 的有关规定进行设计。处理工艺流程应按最不利情况进行组合，校核实际接触时间以满足设计要求。

医疗机构污水消毒可采用连续式消毒或间歇式消毒。接触消毒池的容积应满足接触时间和污泥沉积的要求。传染病医院污水接触时间不宜小于 1.5 h，综合医院污水接触时间不宜小于 1.0 h。

接触消毒池一般分为两格，每格容积为总容积的 1/2。池内应设导流墙（板），避免短流。导流墙（板）的净距应根据水量和维修空间要求确定，一般为 600 ~ 700 mm。接触池的长宽比不宜小于

20∶1。接触池出口处应设取样口。

一级强化处理工艺出水的参考加氯量（以有效氯计）一般为
30 ～ 50 mg/L。二级处理及深度处理工艺出水的参考加氯量一般为
15 ～ 25 mg/L。运行中应根据余氯量和实际水质、水量实验确定氯投加
量。加药设备至少为 2 套，一用一备。电解法、化学法二氧化氯消毒
及电解法次氯酸钠消毒适用于各种规模医疗机构污水的消毒处理，对
管理水平的要求较高。

应急医院、方舱医院污水处理站的二级消毒池水力停留时间
（HRT）不应小于 2 h；污水处理从预消毒池至二级消毒池的水力停留
总时间不应小于 48 h；化粪池和污水处理后的污泥回流至化粪池后总
的清掏周期不应小于 360 d；消毒剂的投加应根据具体情况确定，其
pH 值不应大于 6.5。

2. 臭氧消毒

在选择臭氧发生器时，应按污水水质及处理工艺确定臭氧投加
量，根据臭氧投加量和单位时间处理水量计算臭氧使用量，按每小时
使用臭氧量选择臭氧发生器台数及型号。

采用臭氧消毒，一级强化处理出水投加量为 30 ～ 50 mg/L，接触
时间不少于 30 min；二级处理出水臭氧投加量为 10 ～ 20 mg/L，接触
时间为 5 ～ 15 min；同时大肠菌群去除率不得低于 99.9%。应选择气

水混合效果好的臭氧进气装置。臭氧与污水接触方式宜采用鼓泡法。

臭氧消毒系统应设置空压机房、臭氧发生器设备间和操作间。臭氧发生器设备间应留有设备检修空间，应设置通风设备，通风机应安装在靠近地面处。臭氧消毒系统设备、管道应做防腐处理与密封。

在消毒工艺末端应设置尾气处理或尾气回收装置，反应后排出的臭氧尾气必须经过分解破坏或回收利用，处理后的尾气中臭氧含量应小于 0.1 mg/L。臭氧接触塔在寒冷地区应设在室内，尾气处理后由排气管排出室外。

3. 紫外线消毒

当二级处理出水经波长 254 nm 紫外线照射透射率不小于 60%、悬浮物浓度小于 20 mg/L 时可采用紫外消毒方式；在有特殊要求的情况下（如排入有特殊要求的水域）也可采用紫外消毒方式。

当水中悬浮物浓度小于 20 mg/L，推荐的照射剂量为 60 mJ/cm^2，照射接触时间应大于 10 s 或由试验确定。

医疗机构污水处理宜采用封闭型紫外线消毒系统。医疗机构污水紫外线消毒系统应设置自动清洗装置。

4. 常用消毒方法比较

消毒方法的特点及适用性比较见表 1.2-3。

表 1.2-3　常用的消毒方法比较

消毒方法		优点	缺点	消毒效果	适用条件
含氯消毒剂消毒	次氯酸钠消毒	无毒，运行、管理无危险性	产生具有致癌、致畸作用的有机氯化物；使水的pH值升高	能有效杀菌	适用于各种规模医疗机构污水的消毒处理；使用次氯酸钠发生器时要求管理水平较高
	二氧化氯消毒	具有强烈的氧化作用，不产生有机氯化物；投放简单方便；不受pH值影响	运行、管理有一定的危险性；只能就地生产，就地使用；制取设备复杂；操作管理要求高，原材料的储存及运输需到相关部门备案，且不易采购		适用于各种规模医疗机构污水的消毒处理，但要求管理水平较高
臭氧消毒		有强氧化能力，接触时间短；不产生有机氯化物；不受pH值影响；能增加水中溶解氧	运行、管理有一定的危险性；操作复杂；制取臭氧的产率低；电能消耗大；基建投资较大；运行成本高	杀菌和杀灭病毒的效果均很好	适用于各种规模医疗机构污水的消毒处理，但要求管理水平较高
紫外线消毒		无有害的残余物质；无臭味；操作简单，易实现自动化；运行管理和维修费用低	耗电量大；紫外灯管与石英套管需定期更换；对处理水的水质要求较高；无后续杀菌作用	消毒效果好，但对悬浮物浓度有要求	当二级处理出水254 nm紫外线透射率大于或等于60%、悬浮物浓度小于20 mg/L时，或特殊要求情况（如排入有特殊要求的水域）可采用紫外消毒方式

1.2.5 污泥处理

医疗机构污泥按危险废物处理处置要求，由具有危险废物处理处置资质的单位进行集中（焚烧）处置。

污泥根据工艺分为化粪池污泥、初沉污泥、剩余污泥、化学（混凝）沉淀污泥、消化污泥等。医疗机构污水处理过程产生的泥量与原水的悬浮固体及处理工艺有关。化粪池污泥来自医疗机构医务人员及患者的粪便，污泥量取决于化粪池的清掏周期和每人每日的粪便量，约为 150 g/（人·d）。放射性污水的化粪池或处理池每半年清掏一次，清掏前应监测其放射性，达标后方可处置。

污泥处理工艺以污泥消毒和污泥脱水为主。

1. 污泥消毒

污泥消毒的最主要目的是杀灭致病菌，避免二次污染，可以通过化学消毒的方式实现。污泥在储泥池中进行消毒，储泥池有效容积不应小于污水处理系统 24 h 产泥量，且不宜小于 1 m³。储泥池内需采取搅拌措施，以利于污泥加药消毒。

污泥消毒一般采用化学消毒方式。常用的消毒剂为石灰和漂白粉。采用石灰消毒，投加量约为 15 g/L，pH 值为 11 ~ 12，搅拌均匀，接触时间 30 ~ 60 min，存放 7 d 以上。采用漂白粉消毒，漂白粉投加量约为污泥量的 10% ~ 15%。

2. 污泥脱水

污泥脱水可采用离心式、叠螺式等脱水机，污泥调质一般采用有机或无机药剂进行化学调质，脱水污泥含水率应小于 80%。脱水过程必须考虑密封和气体处理，脱水后的污泥应密闭封装、运输。医疗机构污泥应按危险废物处理处置要求，参照当前医疗废物处置相关工艺，并由具有危险废物处理处置资质的单位进行集中处置。特殊污水处理产生的沉淀物应按照有关标准或规定妥善处理。

1.2.6 废气处理

为杜绝医疗污水处理站内各个处理环节上可能出现的病原微生物扩散或对空气产生污染，需对污水处理构筑物和设施散发和排放的废气进行收集、处置。

需要进行收集处置的废气产生位置包括：污水预处理单元、进水渠道和格栅间、生物处理单元、储泥池或浓缩池、污泥脱水及暂存间、加药间及药剂库房、臭氧接触池，排放标准及处理方式参照现行国家标准《恶臭污染物排放标准》GB 14554 的有关规定。污水站废气特性见表 1.2-4。

表 1.2-4　污水站废气特性

类型	污染因子	主要产生位置	处置方式
恶臭气体	硫化氢、氨气、硫醇、一氧化氮等	进水渠道、格栅间、污水预处理单元、生物系统处理单元、储泥池或浓缩池、污泥脱水及暂存间	化学洗涤、干式化学除臭、生物除臭、离子除臭、紫外线或臭氧氧化
微生物气溶胶	各种病原微生物或病毒	进水渠道、格栅间、污水预处理单元、生物系统处理单元	化学洗涤、生物除臭、离子除臭、紫外线或臭氧氧化

续表 1.2-4

类型	污染因子	主要产生位置	处置方式
腐蚀性或有毒气体	硫化氢	同恶臭气体	同恶臭气体
	氯气及含氯消毒剂	加氯间、加药间、药品库房	含氯消毒剂的日常使用保证正常通风即可；采用液氯消毒的处理站应设置应急事故处理设施
	O_3	臭氧接触池	加热分解

废气处理系统包括构筑物密闭装置及收集装置、废气消毒除臭装置、废气排放装置。

1. 废气收集

医疗机构污水处理系统的构筑物和废气收集应符合下列规定：

（1）医疗机构污水处理水池及构筑物应采用加盖方式密闭，水面上方须留有至少 300 mm 空间。池壁或顶板上预留废气管路，采用负压方式进行收集。进风口的设置应该避免发生气流短路。

（2）废气风量应根据污水污泥处理构筑物的类别、散发废气的水面面积、废气空间体积、废气浓度和换气次数确定。

（3）处理设施收集的总废气风量应按下列公式计算：

$$Q=Q_1+Q_2+Q_3 \quad\quad (1.2-1)$$

$$Q_3=K(Q_1+Q_2) \quad\quad (1.2-2)$$

式中：Q ——废气处理设施收集的总废气风量（m^3/h）；

Q_1——构筑物废气收集量（m^3/h）；

Q_2——设备废气收集量（m^3/h）；

Q_3——收集系统渗入风量（m^3/h）；

K ——渗入风量系数，可按 5% ~ 10% 取值。

（4）构筑物、设备废气风量的计算应符合下列规定：

1）调节池、初沉池、水解池、污泥池废气风量按 $10\ m^3/(m^2 \cdot h)$ 计算；

2）曝气池的风量可按曝气量的 120% 计算；

3）格栅间、污泥脱水机房可按空间体积换气次数 8 ~ 10 次 /h 计算；

4）沉淀池、消毒池废气风量按 $5\ m^3/(m^2 \cdot h)$ 计算。

（5）处理设施废气收集系统应按下列要求进行设计：

1）风管管道应统一布置，风管应设置不小于 3‰ 的坡度，并应在最低点设冷凝水排水口和凝结水排出设施，防止水或泡沫进入废气处理设备；

2）风管管径和截面尺寸根据风量和风速确定，干管风速为 10 ~ 15 m/s，支管风速为 2 ~ 8 m/s；

3）各并联收集风管的阻力应保持平衡，吸风口宜设置带开闭指示的风阀，风管宜选用玻璃钢、不锈钢、PVC 等耐腐蚀材料；

4）风压计算应考虑废气处理空间负压、废气收集管路沿程损失和局部损失、废气处理装置阻力、废气排放管道风压损失，并应预留安全余量；

5）风机宜选用离心风机，风机壳体和叶轮材质应选用玻璃钢等耐腐蚀材料。

2. 废气处理系统

废气处理系统包括废气除臭装置和废气消毒装置，普通综合污水处理站的废气可仅采用除臭处理；感染性污水预处理或传染病医疗机构污水处理产生的废气必须经过消毒后才可排放。废气除臭可采用单一或组合除臭方式，在居民集中区域或环境敏感区域宜采用组合除臭方式。主要处理工艺流程如下：

（1）化学洗涤。洗涤处理设施包括洗涤塔、洗涤液循环系统、投药系统、电气控制系统；空塔流速可取 0.6 ~ 1.5 m/s，废气停留时间可取 1 ~ 3 s；填料层喷液密度不小于 10 m³/（m²·h）；单层填料高度不宜大于 1.2 m；根据不同的废气类型，合理采用水洗、酸洗、碱洗等多种洗涤工艺；洗涤液在经过一段时间的使用后会逐步失效，需要全部或部分置换，排放出的废洗涤液需要返回污水处理站前端的调节池再次进行处理。

（2）干式化学过滤。干式化学过滤设施包括过滤壳体、多级滤料和电气控制系统；应选用去除硫化氢、氨和挥发性有机物的组合滤料等多级过滤工艺；单级滤料厚度不小于 300 mm；流速可取 0.3 ~ 0.5 m/s，废气停留时间可取 2 ~ 5 s。

（3）生物处理。生物除臭系统由生物滤料、预处理系统、喷淋系统、循环水泵、加药系统、电气及自控系统等组成；空塔停留时间为 20 ~ 30 s；填料层高度为 1 ~ 2 m；空塔气速为 150 ~ 200 m/h；寒冷地区冬季应增加保温措施。

（4）离子除臭。废气中可燃成分总浓度应低于混合爆炸下限；处理含水汽的废气时，应在离子反应器之前增加除湿和排水装置；反应区气体流速宜为 3 ~ 5 m/s；离子管运行时间应大于 30 000 h。

（5）紫外光催化氧化。预处理应增加除湿和排水装置；宜选用高臭氧紫外灯管，波长为 180 ~ 254 nm；反应区气体流速宜为 3 ~ 5 m/s；离子管运行时间应大于 10 000 h。

3. 废气排放

废气进行处理后应有组织排放。当周围存在敏感区域时，应按项目环境影响评价要求进行防护距离计算。废气排气筒高度大于或等于 15 m 的有组织排放和监测，应符合现行国家标准《恶臭污染物排放标准》GB 14554 的相关规定；废气排气筒高度小于 15 m 时，应符合现行国家标准《医疗机构水污染物排放标准》GB 18466 的相关规定。

1.3 不同类型医疗机构污水处理工艺选择

不同医疗机构应根据其污水性质、规模和排放去向，并兼顾各地情况，合理确定污水处理技术路线，按照表 1.3-1 选择相应的污水处理工艺。

表 1.3-1　不同类型医疗机构污水处理工艺选择

序号	医疗机构类型	核心处理工艺	说明
1	不含传染病、结核病科室的综合医疗机构	一级强化处理 + 消毒工艺	适用于排水至终端建有正常运行的城镇二级污水处理厂的城市污水管网
		二级处理 + 消毒工艺	适用于排至终端无二级污水处理厂的城市污水管网或医疗结构在中心城区等对环境要求较高的区域或有环境影响评价要求时
2	含传染病、结核病科室的综合医疗机构	预消毒 + 二级处理 +（深度处理）+ 消毒工艺	预消毒仅在传染病、结核病科室排水出口设置
3	传染病、结核病专科医疗机构	预消毒 + 二级处理 +（深度处理）+ 消毒工艺	预消毒在污水处理站前设置

续表 1.3–1

序号	医疗机构类型	核心处理工艺	说明
4	应急医院、方舱医院	预消毒＋一级强化处理＋消毒工艺	仅在疫情时使用
		预消毒＋二级处理＋（深度处理）＋消毒工艺	平疫结合
5	20床以内乡镇卫生院、门诊等	一级（强化）处理＋消毒	

注：括号内处理工艺为根据实际情况可选择的工艺，非必须设置。特殊预处理、深度处理根据医疗机构污水特性确定是否需要设置。

1.3.1 不含传染病、结核病的综合医疗机构

（1）排水至终端已建有正常运行的城镇二级污水处理厂的城市污水管网时，可采用特殊预处理（根据需要）＋一级强化处理＋消毒工艺，处理工艺流程见图 1.3–1。

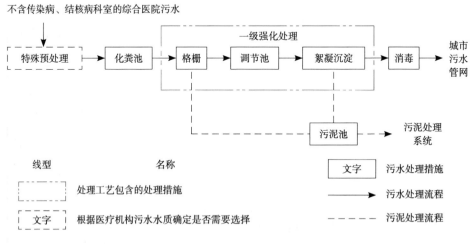

图 1.3–1　不含传染病、结核病科室的综合医疗机构污水处理工艺流程图（一）

注：其他处理流程图中图例说明与本图相同。

工艺说明： 医疗机构污水汇集进入化粪池，化粪池采用多级结构，化粪池出水经格栅过滤后进入调节池。通过潜污泵将污水提升至混凝沉淀池，混凝沉淀池中加入PAC及PAM，两者同属水处理絮凝剂，其溶解后与水中杂质、悬浮物等形成胶体絮团。通过搅拌，形成大而密实的矾花，并絮凝沉淀。经沉淀后的污水进入消毒池中，加入消毒剂进行消毒。污水消毒达标后排放。

（2）排至终端无二级污水处理厂的城市污水管网或医疗机构在中心城区等对环境要求较高的区域或有环境影响评价要求时，可采用特殊预处理（根据需要）+常规预处理+生物处理+深度处理（根据需要）+消毒工艺，处理工艺流程见图1.3-2。

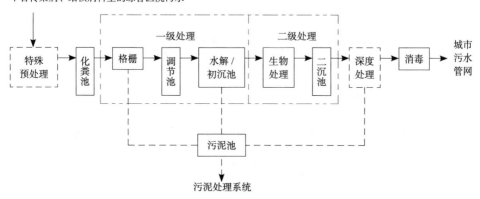

**图1.3-2　不含传染病、结核病科室的综合医疗机构
污水处理工艺流程图（二）**

工艺说明： 化粪池出水经格栅初步过滤后进入调节池，调节池对污水水量、水质进行调节，避免冲击负荷对生化处理的影响。

采用水泵提升的方式将调节池内污水提升至水解酸化池或沉淀池中，在池内缺氧条件下，利用水解和产酸菌，将不溶性有机物水解成溶解性有机物、大分子物质分解成小分子物质，大幅提高污水的可生化性。

水解酸化池溢流出的污水自流入生物接触氧化池，污水与填料接触，填料上附着有微生物，水中的有机物被微生物吸附、氧化分解，并部分转化为新的生物膜，污水得到净化。该工艺在填料下直接布气，气流直接搅动生物膜，加速了生物膜的更新，使其经常保持较高的活性，而且能够克服堵塞现象。

经过生物处理的污水进入沉淀池或膜生物反应器中，进行固液分离。经过固液分离后的污水进入消毒池中进行消毒，污水消毒达标后排放。

1.3.2 含传染病、结核病科室的综合医疗机构

含传染病、结核病科室的综合医疗机构，应将传染病、结核病科室污水与非传染病科室污水分开收集，传染病、结核病科室的污水、粪便经过预消毒处理后方可与其他污水合并处理。污水处理可采用特殊预处理（根据需要）+预消毒+常规预处理+二级处理+深度处理（根据需要）+消毒工艺，处理工艺流程见图1.3-3。其中预消毒池和化粪池可合并成消毒化粪池，详见1.3.4"应急医院、方舱医院"相关内容。

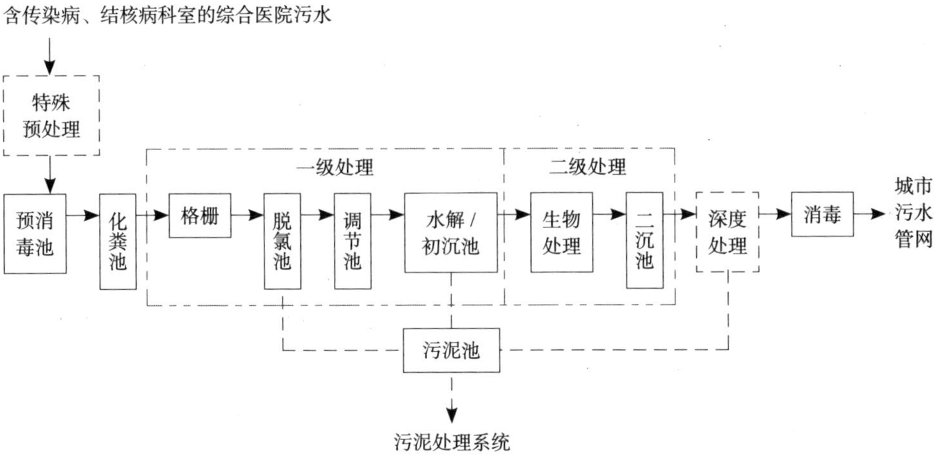

含传染病、结核病科室的综合医院污水

图 1.3-3 含传染病、结核病科室的综合医疗机构污水处理工艺流程图

工艺说明： 传染病科、结核病科室污水要进入预消毒池进行消毒处理，处理后污水进入医院污水管网，经化粪池处理后排至污水站。后续处理工艺同不含传染病、结核病科室的综合医疗机构的二级污水处理工艺，污水处理达标后排放。

1.3.3 传染病、结核病专科医院

传染病、结核病专科医院污水均为带有传染性的污水，在其进入污水核心处理系统前需集中进行预消毒处理，为避免对后续生物处理造成影响，在生物处理前设置脱氯池。污水处理可采用特殊预处理（根据需要）+常规预处理+预消毒+二级处理+深度处理（根据需要）+消毒工艺，处理工艺流程见图 1.3-4。

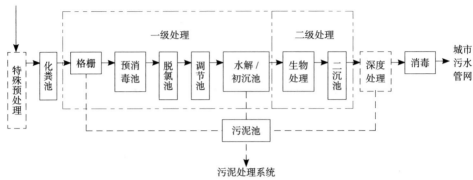

图 1.3-4 传染病、结核病专科医院污水处理工艺流程图

工艺说明：传染病、结核病专科医疗机构污水需要设置化粪池收集，化粪池中污水自流进入格栅池，通过格栅清除水中废纸、塑料袋等大块垃圾，防止水泵和管道堵塞，减轻后续处理工艺的运行负荷。经格栅初步过滤后的污水进入预消毒池，在预消毒池内去除水中致病菌及病毒，防止对操作人员及环境造成危害。经预消毒处理后的污水进入后续污水处理单元，工艺流程同不含传染病、结核病科室的综合医院二级污水处理流程。

1.3.4 应急医院、方舱医院

应急医院、方舱医院污水为带有传染性的污水，在排入核心处理工艺前需进行预消毒处理。平疫结合的应急医院、方舱医院污水处理工艺同含传染病、结核病科室的综合医疗机构处理；仅在疫情时使用的应急医院、方舱医院污水处理工艺一般采用预消毒 + 化粪池 + 消毒池的二级强化消毒工艺，处理工艺流程见图 1.3-5。

图 1.3-5　仅在疫情时使用的应急医院、方舱医院污水处理工艺流程图

应急医院和方舱医院建设周期短，若考虑生化处理工艺，调试运行周期过长，通常至少是 1 个月左右，尽管现代微生物技术水平大幅提高，但效果很难保证，因此，考虑到实际应用条件与二级生化污水处理工艺的初期运行特性，以及消毒完全可以控制 SARS 病毒和新冠病毒对水体的影响，综合考虑下，为保障应急医院、方舱医院的高效运行，推荐采用消毒工艺处理新型冠状病毒应急医疗设施的污水。

此工艺不仅流程简单、建造快速、投资少，而且具有启动快速、运行稳定、管理方便等优点。

在化粪池前设置预消毒工艺的目的是使污水处理站后续运行安全，同时提高病毒灭活效果。因为在化粪池前设置消毒池，很难通过流速控制固体颗粒沉淀，所以建议将消毒池和化粪池结合在一起设计，在传统化粪池的基础上，增加投加消毒剂装置、管道和自控仪表，见图 1.3-6。图中排水入口设置污水流量计，排水出口设置余氯检测仪，每个格的消毒剂管道上设置电动调节阀。通过污水进水的水量控制投药泵的供药量，通过余氯检测仪控制第 2 格、第 3

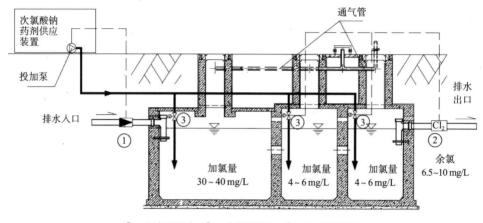

①—污水流量计；②—余氯检测仪；③—电动调节阀。

图 1.3-6　消毒化粪池

格的投药量。疫情时采用第 1 格、第 3 格投加消毒剂，因为新冠病毒传染性强但容易灭活，在第 3 格投加容易满足出水余氯量的要求；平时作为其他传染病医院使用时，消毒剂采用第 1 格、第 2 格投加，目的是延长停留和接触时间，使出水余氯达标。另外，消毒剂的制备可以采用一体化方舱的形式，例如 2022 年上海新冠疫情暴发时，受设备供应、安装、建造等问题制约，很多方舱医院采用一体化消毒设施，方便快捷。消毒化粪池的通气管同样需要进行消毒处理，可以与前面密闭管道的通气管统一处理，也可以就近接入建筑物内单独进行处理，或者在室外合适的位置安装管道高效过滤器。

1.3.5 20床以内乡镇卫生院、门诊

20 床以内乡镇卫生院、门诊污水处理可采用特殊预处理（根据

需要）+ 化粪池 + 消毒工艺，处理工艺流程见图 1.3-7。

图 1.3-7 20 床以内乡镇卫生院、门诊污水处理工艺流程图

工艺说明：污水进入化粪池进行预处理，处理后的污水进入消毒池进行消毒处理，经消毒处理达标后排放。

1.4 医疗机构污水处理在线监测与自动控制

为了保证安全运转和出水处理效果，医疗机构污水处理必须设置各种安全装置、监测装置、计量装置等。同时鉴于医疗机构污水的传染性，为减少运行人员对现场的接触，降低传染机会，在医疗机构污水处理工程中需要采用较高水平的自动化设备控制。

1.4.1 在线监测指标

属于重点排污单位的医疗机构必须按国家和地方环保部门有关规

定安装污水连续监测系统，主要监测指标包括水量、pH 值、COD、氨氮、余氯等。医疗机构污水处理系统可根据污水处理工艺控制的要求，对污水指标进行连续监测。监测系统及其安装、验收、运行、污水连续监测系统的数据传输、监测仪器等需要符合相关规范的规定。

1.4.2 在线监测设备和仪表设置的原则

医疗机构污水处理系统可根据污水处理工艺控制的要求设置 pH 值测定仪、流量计、液位控制器、溶氧仪等计量装置。

在线监测设备和仪表的设置及自动控制水平需要根据工程规模、工艺流程、管理水平及资金限制综合考虑，总体设置原则如下：

（1）医疗机构污水处理站应在其出口处配置在线余氯测定仪和流量计，流量计可选用超声波流量计或电磁流量计。

（2）采用液氯消毒时，需要设置液位控制仪对消毒污水液位和氯溶液液位进行指示、报警和控制；同时需要设置氯气泄漏报警装置。

（3）根据医疗机构规模，500 床以下的医疗机构污水处理系统可只设置液位控制仪，液位控制仪需要采用浮球式、超声波式或电容式液位信号开关；500 床以上的医疗机构污水处理系统除液位控制仪外，还宜加设液位测量仪，液位测量仪可选用超声波式或电容式。

（4）采用二级处理工艺的医疗机构亦可设置溶解氧测定仪、pH 值测定仪等仪表。

医疗机构污水处理系统可按国家和地方环保部门有关规定安装污水连续监测系统。污水连续监测系统的数据传输应符合现行行业标准《污染物在线监控（监测）系统数据传输标准》HJ 212 的规定。监测仪器应符合现行行业标准《pH 水质自动分析仪技术要求》HJ/T 96、《氨氮水质在线自动监测仪技术要求及检测方法》HJ 101、《总磷水质自动分析仪技术要求》HJ/T 103、《环境保护产品技术要求　电磁管道流量计》HJ/T 367、《化学需氧量（COD_{Cr}）水质在线自动监测仪技术要求及检测方法》HJ 377 等的有关规定。

1.4.3 自动控制

1. 主要控制内容

应根据工程规模、工艺流程及管理水平确定医疗机构污水处理站的自动控制水平。消毒剂的投加量应根据在线余氯测定仪的测定结果自动控制调整。电动格栅除污机和好氧曝气应实现自动控制，可根据工艺运行要求，采用定时方式自动启、停。

2. 主要控制方式

应根据工程规模、资金限制及污水传染性确定不同的监测方式，以下几种不同监测方式供工程设计时参考。

（1）就地控制：在电控箱及现场按钮箱上控制，不设在线测量仪表，只设水位信号开关，利用水位信号开关自动启、停水泵。

（2）常规集中监控：分为两种方式，一是在总电控柜上集中监控，不另设独立的集中监控柜；二是设独立的集中监控柜（台）。

（3）可编程逻辑控制器（PLC）监控：分为两种方式，一是在总电控柜内设 PLC 控制器，PLC 控制器用于工艺设备的自动控制，各种设备在总电控柜上集中控制；二是设独立的现场控制柜。

（4）计算机监测：采用小型 PLC 控制器及微型计算机集中监测。该种方式只适用于个别较大型、工艺较复杂、有维护管理条件的工程。

3. 控制室设置

较大规模、工艺较复杂的医疗机构污水处理系统宜设独立的集中控制室，或与总电控柜房间（配电室）共用。传染病、结核病专科医疗机构的控制室应与处理装置现场分离，减少操作人员与现场的接触。

4. 供配电要求

医疗机构污水处理工程供电宜按二级负荷设计，供电等级应与医疗机构建筑相同。低压配电设计应符合现行国家标准《低压配电设计规范》GB 50054 的相关规定。供配电系统应符合现行国家标准《供配电系统设计规范》GB 50052 的有关规定。工艺装置的中央控制室的仪表电源应配备在线式、不间断供电电源设备（UPS）。建设施工现场供用电安全应符合现行国家标准《建设工程施工现场供用电安全规范》GB 50194 的有关规定。

医疗机构废气处理

2

国家卫生部门的医疗检测报告显示，医疗废气具有空间污染、急性传染和潜伏性污染等特征，其病毒、病菌的危害性是普通生活垃圾的几十、几百甚至上千倍。如果处理不当，将对环境造成严重的污染，也可能成为疫病流行的源头。医疗废气中含有不同程度的病菌、病毒和有害物质，不仅污染空气、危害人体健康，同时也是造成医院内部交叉感染和空气污染的主要原因，因此对医疗机构产生的废气进行有效处理，对减少环境污染，减少疾病传染与交叉感染有十分重要的意义。

2.1 医疗机构废气种类及来源

根据医疗机构运营情况，废气主要分为两大类别：一类为医疗机构特有的医疗废气，另一类为非医疗废气（医疗机构配套设施产生的废气）。

2.1.1 医疗废气

医疗机构特有的医疗废气主要包括手术室及麻醉室产生的废气、医学实验过程产生的废气、核医学在试剂配制及人体检查阶段产生的废气、放射科室产生的废气、真空吸引等设备用房产生的废气、中药代煎过程产生的废气，以及应急、传染病、方舱医院产生的废气等，其种类及主要成分见表 2.1-1。医疗废气大多含有不同程度的细菌、病毒和含有有害物质的气溶胶，同时含有有机物。不仅污染大气，危害人体健康，同时也是造成医疗机构内外交叉感染和空气污染的主要原因。

表 2.1-1　医疗废气的种类及主要成分

种类		主要成分
手术室及麻醉室废气		七氟烷、一氧化二氮、一氧化碳等
医学实验废气	生物安全二级实验室	黏质沙雷氏菌、微生物气溶胶等
	基因扩增（PCR）实验室	硫化氢、氟化物、二氧化硫、硫酸雾等无机废气；甲苯、二甲苯、有机醇类、醛类、酮类等有机废气
	化学合成实验室	甲醛、乙醇、醋酸、丙酮、二甲苯等
	细胞实验室	酚:氯仿:异戊醇
核医学废气		放射性废气、臭氧、氮氧化物
放射科废气		放射性同位素气溶胶
真空吸引废气		细菌、病毒
中药代煎室废气		甲醛、乙醇、醋酸、丙酮、二甲苯等
应急医院、传染病医院、方舱医院废气		病原微生物、带病毒或细菌的气溶胶、飞沫

2.1.2 非医疗废气

非医疗废气是指医疗机构配套设施产生的废气，主要包括燃气锅炉、直燃机产生的烟气，污水处理站收集的废气，垃圾中转站及危废暂存库收集的废气，餐厨产生的油烟及停车场产生的汽车尾气等。非医疗废气的种类及主要成分见表 2.1–2。

表 2.1–2　非医疗废气的种类及主要成分

种类	主要成分
燃气锅炉、直燃机废气	二氧化硫、氮氧化物、烟尘
污水处理站废气	恶臭、硫化氢、氨气
垃圾中转站及危废暂存库废气	恶臭、硫化氢、氨气
餐厨废气	食堂油烟、非甲烷总烃
停车场废气	一氧化碳、非甲烷总烃、氮氧化物

2.2 医疗机构废气处理

医疗机构废气处理应符合现行国家和地方相关法律法规及规范标准要求，废气处理设施的建设应满足环境影响评价报告、节能报告要求，并应与项目同期设计、建设及投入使用。

医疗机构特有的医疗废气特点是成分杂、浓度高、规模小，同时含有不同程度的细菌、病毒和含有有害物质的气溶胶。医疗机构配套设施产生的废气特点是废气量大、产生不固定。针对废气的不同特点，可采取不同的处理方式。

2.2.1 医疗废气的危害与处理技术措施

为避免医疗废气的污染和医疗机构内部交叉感染，不同种类的医疗废气均需要设置独立的排风系统与处理措施。

1. 手术室及麻醉室废气的危害及处理技术措施

手术室及麻醉室护士每日工作环境里存在着残余的麻醉废气，长期接触可导致麻醉废气在机体组织内逐渐蓄积而达到危害机体组织健康的浓度。麻醉废气在体内蓄积后，可能产生多方面的影响，包括心理行为改变、慢性遗传学影响以及对生育功能的影响等。专家指出，麻醉废气对手术室工作人员的生育有不良影响，如吸入较高浓度的麻醉废气会引起流产，并可产生慢性氟化物中毒，可影响遗传（包括致突变、致畸和致癌）及其他影响，如白细胞减少等症状。

图 2.2-1　麻醉废气排放一体机

鉴于麻醉废气的危害，采用麻醉废气吸收器或将麻醉机的废气连接管道排至室外是加强麻醉废气排污的有效措施；麻醉废气排除系统是目前最有效的排污设备，可使手术室麻醉废气的污染减少 90% 以上，也是现代手术室设计的重要组成部分。麻醉废气排放系统主要由麻醉废气排放一体机构成（图 2.2-1），其技术原理为活性炭吸附＋紫外线消毒，手术室产生的麻醉废气被吸附及消毒后，排至室外大气。

2. 实验室废气的危害及处理技术措施

医疗机构的医学实验室，主要包括生物安全二级实验室、PCR 实验室、化学合成实验室和细胞实验室等。实验室产生的废气主要包含有机废气、无机废气、气溶胶、病菌等，有机废气中的甲醛会对人体产生多种危害，比如刺激呼吸系统，导致咳嗽、胸闷、呼吸不畅，以及对中枢神经产生一定影响，导致头晕、头痛等现象。同时作为白血病的诱因，甲醛在全世界范围内都是室内空气环境中的重要破坏因素。乙醛的特殊毒性效应，涉及致癌、遗传毒性和肝脏损害等方面，乙醛被国际癌症研究中心列为 2B 类致癌物质。通常医疗实验室产生的废气，采用活性炭吸附技术，经过通风柜排出室外（见图 2.2-2）。

图 2.2-2　实验室通风柜

通风柜的结构是上下式，其顶部有排气孔，可安装风机。上柜中有导流板、吸附过滤装置、电路控制触摸开关、电源插座等，透视窗采用钢化玻璃，可左右或上下移动，供人操作。下柜采用实验边台样式，上面是台面，下面是柜体。台面可安装水管和龙头等。通风柜是医疗机构实验室通风常见设备。

3. 核医学废气的危害及处理技术措施

在放射性药品的制备过程中，回旋加速器室中的加速器运行时会产生感生放射性气体、臭氧、氮氧化物，以及由于热中子俘获或原子核的散裂而产生放射性气体；对于静脉注射显像剂的患者，在检查过程中其排泄物尤其是尿液以及呼出的气体都含有一定的放射性，CT 球管曝光所产生的 X 射线照射空气也可使空气中产生臭氧和氮氧化物；另外在核素治疗的过程中，患者在接受碘 -131 治疗后，其排泄物（尿液、唾液、汗液、粪便）以及呼出的气体中均含有碘 -131，所以核素治疗专用病房的空气中也会含有一定量的碘 -131 气体。核医学废气主要采用活性炭吸附技术进行过滤处理。对于回旋加速器室可以通过内配预过滤、活性炭吸附段、高效过滤段的组合式通风净化箱进行处理。

4. 放射科废气的危害及处理技术措施

放射性尘埃引起的大气污染，主要是 CT、磁共振成像（MRI）、B 超、直线加速器、回旋加速器等产生的放射性同位素形成的气溶胶。气溶胶的危害是气溶胶中的部分离子和元素对人体健康有很大的危害，如亚硝酸钠有致癌的作用，高浓度氟会引起氟牙症和氟骨症，汞会引起中枢和植物神经系统功能紊乱和肾、消化道等器官损害等。放射科产生的废气通常采用活性炭吸附技术进行处理后，再通过风机排至室外。

5. 真空吸引系统废气的危害及处理技术措施

医用真空吸引系统用于吸除患者体内的痰、血、脓及其他污物废液，作为医院医用气体系统中不可或缺的组成部分，医用真空系统中的医疗废气含有大量的细菌和病毒。真空吸引系统废气因为带有病毒或细菌，需要进行消杀后高空排放，目前消毒装置主要分为：高温灭菌类、紫外消毒类（纳米光触媒）、高效过滤类等。

6. 中药代煎废气的危害及处理技术措施

中药代煎业务目前在各大中医院已经非常普及，中药的生产，包括中药材的提取、煎煮等过程，在这些过程中会产生大量的有机废气，并伴有细菌和恶臭气味产生，对周围环境和周边居民的生产生活产生重大影响。目前，国内外用于净化处理中药生产废气的技术有吸收法、吸附法、等离子体技术、光氧催化技术等。

7. 应急医院、传染病医院、方舱医院废气的危害及处理技术措施

2003 年我国暴发非典疫情，2019 年年底暴发了新冠疫情，国内

各地加强了应急医院、传染病医院、方舱医院的设计与建造。此类医疗建筑归类为呼吸科传染病医院。针对此类呼吸科传染病，国家相继出台多个防疫及治疗措施，其中包括通风空调技术措施。应急医院、传染病医院、方舱医院不同于普通的综合医院，综合医院按科室需要进行通风换气，呼吸科传染病医院每层按三区两通道，即按清洁区、半污染区、污染区、医护通道、患者通道设置通风换气设施。每层的半污染区、污染区分区设置独立的排风系统，每间房间设置下排风口，排风口处设置高效过滤器，每层各个区的排风机高位设置（一般设置在屋顶），污染和半污染区均在排风机吸入口设置集成式的，含有粗、中、高效过滤器及紫外线消毒的综合处理设施，废气经过过滤、消毒后高空排放，排风口设置锥形风帽，高出屋面 3 m。

2.2.2 非医疗废气的危害及处理技术措施

1. 燃气锅炉、直燃机废气的危害及处理技术

2014 年 11 月 18 日，国家发展改革委、国家能源局、环境保护部等七部委联合发布《燃煤锅炉节能环保综合提升工程实施方案》，以此为基础各地陆续出台燃煤锅炉淘汰政策。新建医疗机构配套生产用锅炉房也逐渐采用燃气锅炉。

燃气锅炉和直燃机燃烧产生的废气主要包含二氧化碳、水蒸气、

一氧化碳、二氧化硫、一氧化氮、二氧化氮、烟尘等。其中二氧化硫、氮氧化物、烟尘作为天然气锅炉燃烧废气中的主要污染物质，是大气污染的重要影响因素。

从锅炉烟囱排出的粉尘中，颗粒度小于 10 μm 的粉尘向地面降落速度极慢，特别是小于 0.1 μm 的粉尘可以常年漂浮于天空，被称作"飘尘"。"飘尘"中含有各种有毒的金属微粒，当空气中"飘尘"浓度达到 100 mg/m^3 时，会引起各种呼吸道疾病，严重的会导致哮喘、尘肺合并肺癌。锅炉燃烧废气中的一氧化碳是由于燃料不完全燃烧而产生的，它在大气中的寿命很长，一般可以保持 2～3 年。当一氧化碳在空气中浓度超过 100×10^{-6} 时，能使人产生头晕、眩晕、恶心甚至中毒死亡。此外光化学烟雾是烟气中的一氧化氮与甲烷等碳氢化合物经太阳光中的紫外线照射而生成乙醛、臭氧或其他有毒氧化物所形成的浅蓝色烟雾。当光化学烟雾浓度超过 0.3×10^{-6} 时，会使人的眼睛红肿、害虫大量繁殖、橡胶制品老化加快、建筑物损坏等。

针对燃气锅炉和直燃机废气主要考虑除尘、脱硫处理，一般可以采用对应的碰撞沉降、吸附、冷凝的技术措施进行处理。

2. 污水处理站和垃圾中转站及危废暂存库废气的危害及处理技术

医疗机构污水处理站和垃圾中转站及危废暂存库产生的废气主要

为恶臭、硫化氢、氨气，对人体呼吸系统有很强的刺激和损伤。污水处理站废气处理详见本书"1.2.6 废气处理"相关内容规定。垃圾中转站及危废暂存库产生的废气通常要经过除臭消毒后排放。该类废气除臭可采用单一或组合除臭方式，在居民集中区或环境敏感区域宜采用组合除臭设备。除臭方法主要有化学洗涤、干式化学过滤、生物处理、离子除臭、光催化等工艺。

消毒工艺主要有臭氧法、过氧乙酸法、含氯消毒剂法、高压脉冲电场法、吸附过滤法、紫外线法和光催化法等。垃圾中转站产生的废气种类和污水处理站差不多，但其浓度低得多，因此一般采用活性炭吸附技术进行处理。垃圾中转站和危废暂存库废气常用消毒方法中吸附过滤消毒及光催化消毒的比较见表2.2-1，含氯消毒剂法、臭氧法、紫外线法与污水站废气处理一致，详见表1.2-3。

表 2.2-1　垃圾中转站和危废暂存库废气消毒方法比较

消毒方法	优点	缺点	处理效果
吸附过滤消毒	吸附过滤主要包括活性炭吸附和静电吸附两种方法，前者杀菌能力一般，后者杀菌能力强。二者都不产生有机氯化物，不需要投放化学药剂	活性炭吸附法耗材量较大，需要定期更换；静电吸附法存在电磁场，有一定的耗电量，并可能产生极小微量的臭氧，一次性投资较高	较好

续表 2.2-1

消毒方法	优点	缺点	处理效果
光催化消毒	杀菌能力强，其消毒杀菌能力是紫外线消毒法的3倍，杀菌效率高且稳定，有一定持续杀菌能力，杀菌速度快，不需要投加化学药剂，无有害的残余物质，无臭味，无二次污染，有一定自清洁能力，操作简单，易实现自动化，能耗利用率高，运行管理和维修费用低，没有紫外线消毒存在的光复活问题	设备一次性投资高，电耗较大，目前使用的催化剂多为纳米颗粒，颗粒直径对催化效果有较大影响	非常好

紫外线消毒不产生任何二次污染物，属于国际上常用的消毒技术，其拥有高效率、广谱性、低成本、寿命长、无污染等其他消毒手段无法比拟的优点。而光催化消毒技术杀菌迅速，作用持久稳定，是一种无害化处理技术，具有非常显著的优势，是紫外线消毒技术的升级替代，也是消毒处理技术发展的方向。

3. 餐厨油烟废气的危害及处理技术

厨房油烟中含有300多种有害物质，主要成分是丙烯醛、酮、醇等，其中包括苯并芘、挥发性亚硝胺、杂环胺类化合物等高致癌物。油烟中的有毒化学成分，对人体具有遗传毒性、免疫毒性、肺脏毒性以及潜在致癌性。烹调油烟污染及其对人体的健康损害值得重视。目前，厨房油烟已成为继汽车尾气和工业废气之后的第三大影响空气质量的公害。

当前，油烟净化技术包括物理、化学、生物及复合净化技术等。物理净化法包括惯性分离法、等离子法、静电沉积法、吸附法、机械过滤法以及蜂窝式技术等；化学净化法包括湿式处理法、催化氧化法、光解法、热氧化焚烧法等；生物净化法的原理为生物降解，此方法有驯化微生物与利用活性污泥两大方向；复合净化法是将两种或两种以上的油烟净化技术进行组合，综合不同技术的优点，弥补单一技术的不足，实现净化效率的提高。常见的组合方式有静电与机械吸附结合、过滤与等离子结合、静电与湿式结合等。

4. 停车场废气的危害及处理技术

医疗机构地下室通常设置有对应规划要求的停车库，汽车尾气中的主要成分是一氧化碳，碳氢化合物，氮氧化物，二氧化碳，二氧化硫，铅，还有一些颗粒物。随着经济的发展，生活条件越来越好，汽车数量大幅度增加，汽车数量的增多也导致环境污染更加严重。汽车的尾气会造成温室效应，进而导致全球变暖。汽车尾气近年来已成为污染环境和危害人类健康的第二大公害。对于汽车尾气，目前主要采取通风换气、稀释浓度的方法进行处理。

2.2.3 医疗机构废气处理常用工艺方法

通过对医疗机构产生的医疗废气、非医疗废气处理技术措施的介绍不难看出，常见方法主要归类为吸附过滤法、紫外线消毒、光催化法等，其中吸附过滤法又可分为活性炭吸附和静电吸附。

活性炭吸附可分为物理吸附和化学吸附。活性炭过滤装置如图2.2-3 所示。

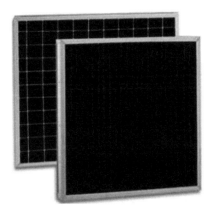

图 2.2-3　活性炭吸附过滤装置

吸附剂和吸附质（溶质）经过分子力发生的吸附称为物理吸附，主要发生在活性炭去除液相和气相的杂质的过程中。活性炭的多孔结构提供了大量的表面积，使其非常容易达到吸收和收集杂质的目的。活性炭孔壁上大量的分子可以产生强大的引力，从而达到将介质中的杂质吸引到孔径中。必须指出的是，这些被吸附的杂质的分子直径必须小于活性炭的孔径，这样才可能保证杂质被吸收到孔径中。这也是为什么我们通过不断地改变原材料和活化条件来创造具有不同的孔径结构的活性炭的原因，以便其适用于各种杂质的吸收。

吸附剂和吸附质（溶质）之间靠化学键的效果，经过化学反应发生的吸附称为化学吸附。活性炭不仅含碳，其表面还含有少量由化学结合、功能团形式的氧和氢，例如羧基、羟基、酚类、内酯类、醌类、醚类等。这些氧化物或络合物可以与被吸附的物质发生化学反应，结合聚集到活性炭的表面，从而实现对医疗机构废气的消毒过滤处理。

图 2.2-4　静电吸附过滤装置

静电吸附过滤，主要包括高压静电吸附过滤、微静电吸附过滤。过滤装置如图 2.2-4 所示。

高压静电吸附过滤法是利用高压直流电场使空气中的气体分子电离，产生大量电子和离子，在电场力的作用下向两极移动，在移动过程中碰到气流中的粉尘颗粒、细胞壁后使其荷电，荷电颗粒在电场力作用下与气流方向相反的极板做运动，粉尘被吸附收集，从而实现吸附过滤的效果。

随着静电除尘在工业领域中的应用越发成熟，演变成现在的微静电除尘技术，可以更加有效地去除医疗机构产生的粉尘和菌落等。微静电除尘技术是采用高分子纳米绝缘材料包裹发电模块，降低空气中氧分子被电离的风险，有效避免臭氧。

紫外线杀菌消毒是利用适当波长的紫外线破坏微生物机体细胞中的脱氧核糖核酸（DNA）或核糖核酸（RNA）的分子结构，造成生

长性细胞死亡和（或）再生性细胞死亡，达到杀菌消毒的效果。紫外
线消毒技术是基于现代防疫学、医学和光动力学的基础，利用特殊设
计的高效率、高强度和长寿命的短波紫外线（UVC）波段紫外光照射
医疗机构废气，将废气中各种细菌、病毒及其他病原体直接杀死。紫
外线消毒装置图如图 2.2-5 所示。

图 2.2-5　紫外线消毒装置图

光催化原理是基于光催化剂在紫外线照射下具有的氧化还原能
力而净化废气。光催化技术作为一种高效、安全、环境友好型的环
境净化技术，对室内空气质量的改善已得到国际学术界的认可。光
催化剂的种类很多，包括二氧化钛（TiO_2），氧化锌（ZnO），氧化
锡（SnO_2），二氧化锆（ZrO_2），硫化镉（CdS）等多种氧化物或硫
化物，另外还有部分银盐，卟啉等也有催化效应，但它们基本都有
一个缺点——存在损耗，即反应前和反应后其本身会出现消耗，并
且它们大部分对人体都有一定的毒性。所以，目前所知的最有应用
价值的光催化材料是 TiO_2。光催化装置如图 2.2-6 所示。

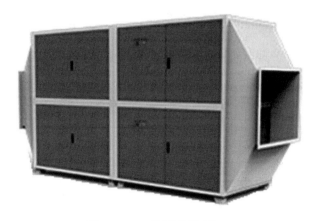

图 2.2-6　光催化装置

对医疗机构产生的废气，可根据其特征采用某种处理方法或者多种组合的处理方法。

2.3 医疗机构废气的排放标准及要求

2.3.1 医疗废气的排放标准及要求

1. 手术室及麻醉室废气的排放标准及要求

美国国家职业安全和健康学会（NIOSH）建议手术室环境中氧化亚氮不能超过 25 mg/L，卤代麻醉药不能超过 2 mg/L。国内标准的麻醉废气排放系统的设计参数应符合现行国家标准《医用气体工程技术规范》GB 50751 中相关规定。

2. 核医学及放射科废气的排放标准及要求

核医学及放射科排放废气应分别符合现行国家职业卫生标准《临床核医学放射卫生防护标准》和《医用放射性废物的卫生防护管理》的规定。为了防止放射性废气的污染扩散，保障操作者及周围环境的安全，在设计放射性废气排放系统时可根据来源采取不同的设计方案，但不管何种来源都必须具备独立排风管道。排风系统的总排气口应高于本建筑屋脊，各区域内排风口和总排气口均设活性炭过滤或其他专用过滤装置，排出废气浓度不应超过有关法规标准规定的限值，排风管道的设计应该避开公众场所和人员驻留区域，若确实无法避开，则需要进行屏蔽防护设计，以便达到环保要求。

3. 真空吸引废气的排放标准及要求

为了规范真空系统排气消毒装置的产品技术要求和检测方法，现行团体标准《医用真空系统排气消毒装置通用技术规范》T/CAME 13 规定了排气消毒装置应达到的消毒水平、杀灭试验中微生物的选择、即时杀灭率、消毒因子失效报警、次生污染物限定、排气菌落数量、电气安全、选型配置与验收等要求。

针对新冠疫情期间医用真空系统暴露出的问题和医院感染控制面临的挑战，国家卫生健康委员会办公厅下发的《国家卫生健康委办公厅关于全面紧急排查定点收治医院真空泵排气口位置的通知》，要求医院自查医用真空系统排气口存在的问题，并在真空泵排气口增设排气消毒处理设施，定点收治医院应立即整改，其他医疗机构应限时整改。

医用真空系统排放气体经消毒处理后方可排入大气，排放标准应符合现行国家标准《医用中心吸引系统通用技术条件》YY/T 0186 的规定，由排气口排出的空气，每立方米细菌数量小于或等于 500 个。

医院无论是加装细菌过滤器，还是加装排气消毒装置，均应按照国家现行标准《医用气体工程技术规范》GB 50751—2012 和《医院医用气体系统运行管理》WS 435—2013 中的要求，委托有资质的第三方检测机构对系统改建或维修后的部分进行检测，为客观评价改造后的医用真空系统运行是否满足设计要求提供依据，主要检测内容应包括排气口菌落数量、负压范围、终端压降以及终端接头抽气速率等。

2.3.2 非医疗废气的排放标准及要求

1. 燃气锅炉、直燃机废气的排放标准与监测

燃气锅炉和直燃机废气经处理后的污染物排放浓度和排放量应符

合现行国家标准《环境空气质量标准》GB 3095,《锅炉大气污染物排放标准》GB 13271,《大气污染物综合排放标准》GB 16297,以及省、自治区、直辖市等地方政府颁布的地方标准及规定。

锅炉使用企业应按照有关法律和《环境监测管理办法》等规定,监理企业监测制度,指定监测方案,对污染物排放状况及其对周围环境质量的影响开展自行监测,保存原始监测记录,并公布监测结果。单台锅炉额定蒸发量(热功率)大于或等于 20 t/h(14MW)的锅炉,要安装污染物自动监测设备,与环保部门的监控中心联网,并保证设备正常运行。

2. 污水处理站和垃圾中转站及危废暂存库废气的排放标准与要求

污水处理站和垃圾中转站及危废暂存库的废气排放标准与要求详见本书"1.2.6 废气处理"相关内容规定。

3. 餐厨油烟废气的排放标准与要求

厨房大气污染物排放应符合《环境监测管理办法》和现行国家标准《饮食业油烟排放标准》GB 18483 等的要求。《饮食业油烟排放标准》GB 18483 规定了饮食业单位油烟的最高允许排放浓度。不同地区还应遵守地方标准,比如北京市地方标准《餐饮业大气污染物排放标准》DB 11/1488 规定了油烟、颗粒物、非甲烷总烃排放浓度的最高限值。

4.汽车尾气的排放标准与要求

目前国家对单台汽车尾气有排放标准，但对建筑物地下室的汽车库集聚的汽车尾气并没有明确的标准要求。根据现行国家标准《绿色建筑评价标准》GB/T 50378 规定，地下车库应设置与排风设备联动的一氧化碳浓度监测装置，超过一定的量值时立即报警并启动排风系统。所设定的量值可参考现行国家职业卫生标准《工作场所有害因素职业接触限值　第 1 部分：化学有害因素》等相关标准的规定。

3

医疗机构废物处置

3.1 医疗机构废物的种类及来源

医疗机构产生的固体污染物包括工作相关的医疗废物和生活垃圾。按来源可划分为医疗废物、生活垃圾、危险废物。

医疗废物是指医疗卫生机构在医疗、预防、保健以及其他相关活动中产生的具有直接或者间接感染性、毒性以及其他危害性的废物。根据《医疗废物分类目录》（2021 年版），医疗废物分为感染性废物、损伤性废物、病理性废物、药物性废物和化学性废物五类。

生活垃圾专指日常生活或为日常生活提供服务的活动所产生的固体废弃物，以及法律法规所规定的视为生活垃圾的固体废物。生活垃圾基本品类主要包括：厨余垃圾、可回收物、有害垃圾、其他垃圾。

危险废物指列入国家危险废物名录或者根据国家规定的危险废物鉴别标准和鉴别方法认定的具有危险特性的废物。

3.2 废物的收集及暂存空间

3.2.1 医疗废物

医疗废物产生较多的门诊、急诊和医技科室，如口腔科、外科换药室、输液室、检验科、放射科、病理科、手术室、血液透析室等单独设置分类收集点；医疗废物产生较少的门诊、急诊和医技科室，按照就近原则，同层设置分散收集点；传染病门诊在各自的门诊单独设置收集点；传染病病房按传染病病区为单元设置分类收集点；普通病房按同楼层以病区为单元设置收集点，建议设置两个收集点，一个位于治疗室或处置室内相对独立处，一个位于污物间内。

医疗废物暂存场所必须远离医疗区、食品加工区、人员活动密集区和生活垃圾存放场所，且相距 20 m 以上或有独立通道、物理隔断，方便医疗废物的装卸、装卸人员及运送车辆的出入，并设置明显的警示标志和防渗漏、防鼠、防蚊蝇、防蟑螂、防盗及防儿童接触等安全措施。不得露天存放医疗废物，医疗废物暂时储存时间不得超过 2 d。储存病理性废物时应具备低温储存和防腐条件。暂时储存间的地面与裙脚用坚固、防渗、易清洗的材料建造，墙裙高度不小于 1 m，地表、墙体、天花板不得有破损、漏洞，通风口安装金属细网，大门底部安装防鼠设施，设置防蚊蝇措施，下水道口设置金属细网，房间上锁并由专人管理，设置良好的照明设备和通风条件。

社区卫生服务站、村卫生室、诊所、卫生所、医务室、卫生保健所、护理站、急救站等规模较小的医疗机构，可将医疗废物收集点与暂存场所合并设置，但应相对独立、便于安全管理，医疗废物专用包装袋和利器盒放置在专用柜内。

住院病床在 100 张以上的医疗机构，医疗废物暂存间使用面积不小于 30 m²；住院病床在 20 ~ 99 张的医疗机构，暂存间使用面积不小于 15 m²；其他医疗机构的暂时存储间使用面积不小于 8 m²；暂存间使用面积与机构规模以及实际医疗废物产生数量和重量相适应。除暂时储存间外宜设置工作人员更衣室、清洗消毒间、消毒后转运车存放间等。

3.2.2 生活垃圾

生活垃圾收集室外设置收集容器固定站点，各医疗卫生机构按照人员流量与生活垃圾产生量设置厨余垃圾、其他垃圾、可回收垃圾桶，在行道旁按照每 100 ~ 150 m² 设置 1 组。

室内设置收集容器固定站点，各医疗卫生机构按照要求科学合理布局成组的生活垃圾收集容器，优化桶站点位。门、急诊区域等患者密集的场所设置厨余垃圾、其他垃圾、可回收垃圾桶，按照每100 m² 设置 1 ~ 2 组；其他公共区域每单元设置 1 组；诊室、治疗室、检查室等室内空间因地制宜设置其他垃圾桶；医疗垃圾桶应与生活垃圾桶分开摆放，严禁生活垃圾和医疗废物混装混放；行政、后勤管理、教学等办公区域，每个办公室应设置其他垃圾收集容器，公共区域因地制宜设置厨余垃圾、可回收物、有害垃圾、其他垃圾收集容器，根据可回收物产生量的实际情况在适当范围内设置废旧纸、金属、有害垃圾、大件废弃物品等存储点。

病房按照不同医疗卫生机构类型，科学合理布局成组的生活垃圾收集容器。开设病房的二级、三级医院以每个独立的病区为单元设置四类垃圾桶 1 ~ 2 组；多人病房内根据实际需要设置其他垃圾桶、可回收垃圾桶（袋）；其他开设病房的医院根据实际情况，按照日产生垃圾量的 120% ~ 150% 设置四类垃圾桶组。

食堂餐厅根据日产生垃圾量的 150% 设置厨余垃圾、其他垃圾容器，配置油水分离装置；集中用餐区根据日产生量的 120% ~ 150% 设置厨余垃圾、其他垃圾收集容器；大型医院（400 张床以上的三级医院）的食品加工区应在垃圾收集场地划线明确收集容器放置区域，安排专人管理。

各医疗卫生机构均应设置生活垃圾集中暂存站点。依靠附近生活垃圾收集站点的极小规模的医疗机构，可与对方签订协议，代为收集。

生活垃圾集中收集暂存点应与周边环境相协调，简洁、适用；应便于投放和收集作业；应安装遮雨设施，配备防鼠、防蚊蝇设施；应定时清洁保持收集容器和场地干净、无臭味；应设置宣传栏，宣传垃圾分类知识；应选配监控设备、语音提醒设备、洗手装置，提供便民服务。可按照厨余垃圾、可回收物、有害垃圾、其他垃圾的分类，分别设置相应标识的收集容器。根据日产生垃圾量的120%～150%设置相应容量规格的收集容器。

废旧家具家电等体积较大的废弃物品，应划定专门堆放区域，设置围挡，按大件垃圾的类别分区有序存放。大件垃圾暂存点、可回收物中转点可合并设置；具备条件的可做简单拆解处理或资源化就地处理，采取防尘降噪等措施，配备称重计量、数据采集等管理系统。

医疗机构内部产生的建筑垃圾应单独堆放在指定的地点，及时清运。

3.2.3 危险废物

危险废物暂存设施应选址在地质结构稳定、地震烈度不超过7度的区域内，设施底部必须高于地下水最高水位；依据环境影响评价结论确定危险废物集中暂存设施的位置及其与周围人群的距离，并经具有审批权的环境保护行政主管部门批准，可作为规划控制的依据；避免建在溶洞区或易遭受严重自然灾害如洪水、滑坡、泥石流、潮汐等影响的地区；在易燃、易爆等危险品仓库、高压输电线路防护区域以外，位于居民中心区常年最大风频的下风向。

危险废物暂存设施应为单层独立设置，不设置在地下或半地下的建（构）筑物内；墙体采用不燃材料的实体墙，墙面应设置高窗，窗上安装防护铁栏，窗户采取避光和防雨措施；地面防潮、防渗，平整、坚实、易于清扫，不发生火花，设计堵截泄漏的裙脚，地面与裙脚所围建的容积不低于堵截最大容器的最大储量或总储量的1/5，地面与裙脚要用坚固、防渗的材料建造，建筑材料必须与危险废物相容，存放装载液体、半固体危险废物容器的场所，必须有耐腐蚀的硬化地面，且表面无裂隙；门采用具有防火、防雷、防静电、防腐、不产生火花等功能的单一或复合材料制成，向疏散方向开启；照明设施、通风设施、电气设备和输配电线路采用防爆型，且电气开关设置在仓库外，并可靠接地，安装过压、过载、触电、漏电保护设施，采取防雨、防潮保护措施；设置泄漏液体收集、气体导出及气体净化装置，不相容的危险废物必须分开存放，并设有隔离间隔断；储存易燃易爆危险废物场所，设置可燃气体报警装置。

3.3 医疗机构废物处置

医疗机构针对各类污染物应分别与有处置资质的第三方公司签订协议，禁止转让、买卖医疗废物。可回收物应当由再生资源回收利用企业或者资源综合利用企业进行处置。

生活垃圾应与属地环卫部门签订协议，做好全流程管控工作。餐厨垃圾应做到日产日清，餐厨垃圾回收公司应采用专用车辆运输，运输车辆应密闭，装、卸料宜为机械操作或自动收集。运输过程中不得泄漏和遗撒，运输路线应避开交通拥挤路段，运输时间应避开交通高峰段。

危险废物交由取得县级以上人民政府环境保护行政主管部门许可的专业机构进行无害化处置，依照危险废物转移联单制度填写和保存转移联单。

医疗废物应按国家规定交由有相应资质的集中处置单位处置。不具备集中处置条件的农村地区医疗卫生机构，可自行处置医疗废物，但应符合相关要求。

目前，医疗废物的处理方法主要包括高温焚烧法、卫生填埋法、高温蒸汽法、化学消毒法、微波处理法、高温热解法、等离子体法等。

高温焚烧法、卫生填埋法是很成熟的废物处理方式，工艺简单、投资低，但会产生有害气体，需配置尾气净化并对土壤进行长期监测。

高温蒸汽法、化学消毒法、微波处理法是相对比较成熟的非焚烧医疗废物处理技术，虽然有选择性、减容率低、需要二次处理等问题，但是针对特殊医疗废物的应急用模块化、移动式处理装置，具有良好的发展前景。

高温热解法、等离子体法是医疗废物高热处理过程中新兴的处理技术，无需预处理，直接投入炉内即可，对医疗废物无明显的选择性，减容率大，便于集中处理，但存在移位运输、二次污染、投资与运行成本高等缺点。

（1）高温焚烧法是最安全有效的处理方法，也是世界上最通用、技术最成熟的方法。焚烧处理时，可以彻底杀灭微生物，使大部分有机物焚化燃烧，转变成无机灰粉，焚烧后固体废物体积可减少85%～90%，减容性好，高温消毒无害化彻底，运行稳定。但是焚烧设备不符合要求的，在焚烧过程中会产生大量致癌物质二噁英，对环境造成污染，需要配置完善的废气净化系统。

（2）卫生填埋法是医疗废物的最终处置方法，其原理是将垃圾埋入地下，通过微生物长期的分解作用，使之分解为无害物质。工艺简单、投资少，占用大量土地，会产生硫化氢、一氧化碳等有害气体，需要对土壤进行长期监测。

（3）高温蒸汽法是将医疗废物置于金属压力容器中，以一定的方式利用过热的蒸汽杀灭医疗废物中致病微生物。工艺设备简单、操作方便、灭菌迅速，但减容率低，处理过程中易产生有毒的挥发性有机物和废液，处理对象具有选择性。

（4）化学消毒法是将破碎后的医疗废物与一定浓度的消毒剂（次氯酸钠、臭氧等）均匀混合，保持足够的接触时间，在消毒过程中分解有机物并杀灭微生物。化学消毒法分为干式消毒和湿式消毒，工艺设备和操作都比较简单，一次性投资少、运行费用低、场地选择方便、可移动处理。干式消毒不会排放任何废气、废液，不会产生其他有害副产品，更加环保。但是对破碎系统、pH值监测和系统自动化程度要求较高；湿式消毒会产生对人体有害的废液、废气。

（5）微波处理法是利用一定频率和波长的电磁波，使经过预先破碎、湿润的医疗废物产生热量并释放蒸汽杀灭微生物，达到无害化处理。处理方式节能、快速、高效；无需化学药剂，不产生酸性气体和有毒气体；但微波的灭菌效果受多种参数影响，需优化选择，医疗废物需预处理（分拣、破碎）；操作人员受电磁波的危害，易产生职业病。在国内非焚烧处理技术应用中，微波处理法采用的比例较低。

（6）高温热解法是分两步进行的，第一步是将医疗废物的有机成分在无氧或缺氧的条件下加热低温热解，第二步是以热分解气体为燃料在 1 300℃以上高温焚烧。热解法空气过剩系数较低，排气量少，烟气净化装置相对较小，热分解气体作为燃料焚烧，能耗低，建设成本和运行成本都低于高温焚烧法，在缺氧和除氯等还原性条件下热分解，高温熔融状态下燃烧，降低和抑制了二噁英的产生。

（7）等离子体法是在等离子体电弧炉产生的高温下，医疗废物的有机成分被迅速脱水、热解、裂解产生可燃的混合气体，再经过二次燃烧达到减容、减量和无害化的目的。低渗出、高减容、处置效率高，可处理任何形式的医疗废物，无有害物质的排放，潜在热能可回收利用；但是建设和运行成本很高，系统稳定性易受影响。

同发达国家类似，最初我国焚烧技术的应用占比相对较高，近年来，我国加大了对医疗废物焚烧技术及装备的研发投入，进一步缩小了与国外技术的差距，焚烧装备的自动化、净化效率和焚烧性能均得到大幅度提升。

在选择废物处置处理技术时需要重点考虑该技术的适用性、可靠性、投资和运行成本、处理效率及能力、操作简便性、是否导致二次污染等。另外，还要通过产教融合进一步开展全方位、全产业链的科技创新，构建符合我国新时代医疗废物处理需求的成套技术及体系。

流行病暴发期间通常导致医疗废物的井喷式增长，及时有效地进行无害化处置是控制疫情的关键环节，因此，我们需要重点关注应急状态下医疗废物的无害化处置技术。流行病暴发期间，医疗废物可以采用高温蒸汽消毒、微波消毒、化学消毒等非焚烧方式处置，但从目前的实际情况来看，焚烧法在医疗废物应急处置方面仍占主导地位。应急情况下医疗废物的处置，可以采用集中式处置方法，也可以采用分散式包括移动式处置方法。

采用高温焚烧技术的固体废物处置设施，如危险废物焚烧设施（焚烧温度高于 1 100 ℃）、生活垃圾焚烧设施（焚烧温度高于850 ℃）、工业炉窑（炉窑温度高于 850 ℃）等相关系统经过硬件改造和工艺调整后可以应用于流行病暴发期间医疗废物的处置。除了集中式处理外，分散式处理包括可移动式焚烧装置也可作为应急处置的重要手段。可移动式应急焚烧处理设备，如焚烧方舱和可移动式焚烧车，具备机动性强、安装快速、操作简单、自动化高、效率高、焚烧后减量化和无害化、适应性强等优势，在特殊期间可以尽快投入运营发挥作用。可移动式应急焚烧系统也包括进料装置、炉体、烟气净化装置、控制系统、报警系统及应急处理系统等，且需符合现行国家标准《医疗废物焚烧炉技术要求（试行）》GB 19218 和《危险废物焚烧污染控制标准》GB 18484 的规定。非焚烧方式，如高温蒸汽消毒、微波消毒等处置技术，也可以应用于危险医疗废物的应急处置。其中，与可移动式应急焚烧处理设备类似，可移动式高温蒸汽消毒处理设备和可移动式微波消毒处理设备具有占地面积小、机动性强、效率高、适应性强等优点，在特殊期间医疗废物的应急处置方面也发挥着重要作用。

典型案例

4

4.1 南京医科大学附属逸夫医院 污水处理站建设工程案例

4.1.1 项目概况

南京医科大学附属逸夫医院是江苏省三级甲等综合医院，医院规划占地面积 210 亩，设置床位为 1 200 张，分两期开放。目前一期工程已完成，占地 109 亩，建筑面积 9.2 万 m^2，开放床位 720 张。2022 年医院急诊急救中心启用。该医院在运营中产生的污水包括病区医疗废水和办公区污水两大类：病区医疗废水为住院楼、门诊楼医疗废水；办公区污水为行政办公区域的生活污水、食堂餐饮污水。以上各类污水均接入医院污水处理站进行处理。

医院在筹建阶段就高度重视污水的治理工作，要求在常规二级生物处理的基础上，进一步采用深度处理工艺，并且提出了水、泥、气消毒全覆盖的高标准要求。污水处理站设计处理规模为 1 200 m^3/d，设计出水标准达到国家标准《医疗机构水污染物排放标准》GB 18466—2005 中的预处理标准，污水达标后接管至园区污水处理厂。

4.1.2 污水处理工艺流程及污水处理站平面布置

1. 工艺流程选择

处理工艺流程包括污水处理、污泥处理、废气处理三个部分，工艺流程如图 4.1-1 所示。

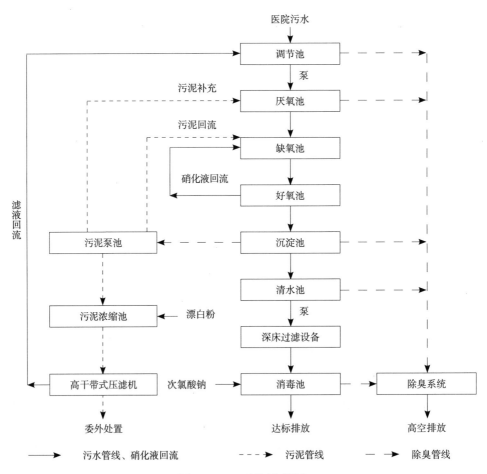

图 4.1-1 工艺流程图

（1）污水处理工艺流程。污水处理工艺流程采用"调节池→厌氧池→缺氧池→好氧池→沉淀池→清水池→深床过滤→消毒池→达标排放"组合工艺。生化池按固定填料床设计；深床过滤采用石英砂、活性炭复合滤料；消毒池采用次氯酸钠发生器制备的液体次氯酸钠进行消毒，原料为工业盐。经上述工艺处理后，排放水质显著优于国家标准《医疗机构水污染物排放标准》GB 18466—2005 的要求。

（2）污泥处理工艺流程。污水处理产生的剩余污泥，由污泥泵池定量分流至污泥浓缩池，经漂白粉消毒后，由高干带式压滤机进行脱水处理，泥饼委外处置，压滤液回流至调节池。处理后污泥满足国家标准《医疗机构水污染物排放标准》GB 18466—2005 的控制要求。

（3）废气处理工艺流程。废气处理工艺流程采用"废气→废气处理设备→烟囱高空排放"组合工艺。处理后的污水站大气质量满足国家标准《医疗机构水污染物排放标准》GB 18466—2005 中周边大气污染物最高允许浓度的要求。

2. 污水站平面布置

污水站由地下池体和地上设备间构成。地下池体包括：调节池、厌氧池、缺氧池、好氧池、沉淀池、污泥泵池、清水池、消毒池、污泥浓缩池等工艺池体，平面布置如图 4.1-2 所示。其中，核心生化段采用两列并联设计，单列处理规模为 50% 设计规模。

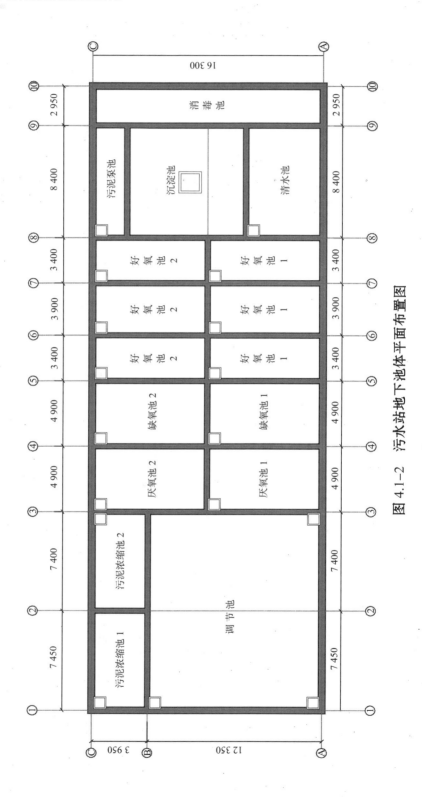

图 4.1-2 污水站地下池体平面布置图

地上设备间包括：污泥脱水加药间、过滤间、风机间、消毒间、配电间，平面布置如图 4.1-3 所示。污水站占地面积 761 m²，其中污水站设备间面积为 117.6 m²。

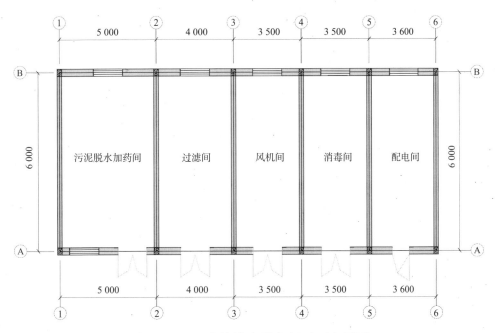

图 4.1-3　污水站地上设备间平面布置图

4.1.3 污水处理设计方案

1. 设计思路

（1）执行国家环境保护政策，符合国家有关法规、规范和标准。

（2）坚持安全为本、经济实用和管理方便的设计原则。

（3）根据设计进、出水水质要求，所选污水处理工艺力求技术成熟、运行可靠、高效节能、经济合理，在确保污水处理达标的同时，减少工程投资及运行费用。

（4）妥善处理污水处理过程中产生的栅渣、污泥、臭气，避免产生二次污染。

（5）总平面布置在力求便于施工、安装和管理的前提下，使设备尽量集中布置，节省用地，扩大绿化面积。

（6）竖向设计力求减少提升次数，节省污水提升费用。

2. 预处理段设计方案

本案例预处理段采用"两级机械格栅 + 调节池"工艺组合。医疗污水先经过格栅渠内设置的粗、细格栅，去除污水中较大的悬浮物、漂浮物和带状物，然后重力自流进入调节池，调节池起调节污水水量和水质的作用，水力停留时间按 12 h 设计，同时设置潜水搅拌机，防止悬浮物沉淀淤积。事故池由院区单独设置。

3. 组合生化段设计方案

本案例组合生化段采用"厌氧池→缺氧池→好氧池→沉淀池"工艺组合。以上生化池均按固定填料床设计；沉淀池中进周出，并配刮吸泥机。

医疗污水先进入厌氧池，在厌氧池中释磷菌释放磷，同时对部分有机物进行氨化。

厌氧池出水进入缺氧、好氧段，通过合理调配污泥回流、混合液回流的比例，实现对污水中有机物质、氨氮、总氮的高效去除。好氧池出水进入沉淀池进行泥水分离，上清液进入清水池暂存。沉淀池可在池深较浅的条件下，实现良好的泥水分离，并可与前端生化池深度匹配，由于配置有刮吸泥机，可良好解决污泥厌氧上浮的弊端。

4.深度处理段设计方案

本案例配置有深度处理段，工艺采用深床过滤，以实现对沉淀池上清液悬浮物的深度去除，进一步去除污染物质的同时，减少悬浮物对消毒剂的额外消耗。过滤器采用石英砂、活性炭复合滤料，并配有多功能阀组，通过对进出水压差的持续监测，实现全自动运行。

5.消毒段设计方案

本案例消毒段采用次氯酸钠消毒方式，利用次氯酸钠对微生物细胞壁较强的吸附穿透能力，可有效地氧化细胞内含巯基的酶，还可以通过快速地抑制微生物蛋白质的合成来破坏微生物，实现对微生物的灭杀。同时，本案例中次氯酸钠由次氯酸钠发生器自行制备，原料为工业盐和自来水，环境安全、运行成本低廉。

6.污泥设计方案

本案例采用高干带式压滤方式进行脱水处理。高干带式压滤机与普通带机不同，其滤带的张力通过充气的气缸使整条滤带保持恒定的张力，同时不会因进料量的变化而引起张力的变化。压滤机还具有自动检测滤带在压辊上位置和自动纠偏的空压控制系统。污泥经过高干带式压滤机分离后，泥饼含水量通常小于70%。

7.废气设计方案

污水处理站中污水池均采用钢筋混凝土结构，全地埋布置。污水处理产生的废气，经管道收集后，由废气处理设备除臭、消杀后，经烟囱高空排放。

4.1.4 污水站运营方案

1.运营服务内容

（1）制定管理制度、岗位操作规程、设施设备维护保养手册及事故应急预案。

（2）准确计量能源和物料的消耗，做好各项生产指标的统计。

（3）建立污水处理设施管理台账，加强污水处理设施的现场管理，定期监测污水排放情况，确保污水稳定达标排放。

（4）保持污水处理站整洁，负责污水站绿化养护。

（5）负责污水处理设施的运行管理，包括以下内容：① 根据在线监控数据，并通过简易快速检测设备、试剂等每日对污水进行测试，掌握污水排放情况，出现故障或超标问题，及时向生态环境部门报告并查明原因，实施修复；② 每班如实填写运行台账，如实填写台账中水质检测结果、用药量、排水量、污泥产生量及处理量等；③ 定期检查污水处理设施重要部件（电控仪表、水泵、探头、斜板沉淀池、流量计等），如有损坏，及时上报修复和更换。

2.运营服务手段

本案例配套建设有以"标准化为基础、集约化为手段、生产运行为业务主线、提高运营能力、降低运营成本"为目标的智慧运维平台体系，通过云平台管理实现污水站运行状况分析，掌握数据变化趋势及异常波动，预测潜在危险，并评估和规避风险，保证污水站有效低成本运行。实现低成本、高效益、安全生产、流程规范的管理模式。

3.部分运行数据

该案例启用后部分运行数据见表4.1-1。

表 4.1–1　部分运行数据

时间	COD/（mg/L）	余氯 /（mg/L）	pH 值
2022–11–02	35.9	4.30	6.5
2022–11–03	30.2	5.18	6.5
2022–11–04	34.0	3.86	6.3
2022–11–05	36.2	5.66	6.5
2022–11–06	33.8	4.29	6.4
2022–11–07	37.2	5.18	6.3
2022–11–08	30.5	3.42	6.3
2022–11–09	33.4	3.30	6.6

4. 疫情防控配合

2022 年该院急诊急救中心启用后，承担了新冠定点医疗机构的任务。为此，医院污水站也长期执行定点医疗机构的特殊排放限制。根据疫情期间排放要求，依托污水站的处理能力，通过采取运行参数调整，加强污水监测频率、提高消毒剂用量等措施，保证了污水站在特殊排放限制要求下的稳定运行。

4.1.5 工程案例分析

本案例采用的工艺流程，全面实践了行业标准《医院污水处理工程技术规范》HJ 2029—2013 要求，处理后出水水质显著优于国家标准《医疗机构水污染物排放标准》GB 18466—2005 处理标准要求。本工程案例有以下特点：

（1）污水处理工艺流程设计全面、完整，在常见医疗污水处理工艺流程的基础上，合理设计有缺氧段、深度处理段。其实践经验可为医疗污水工艺流程的升级提供借鉴。

（2）设计前期秉持了"水、气、泥消毒全覆盖"思路，在整个污水站的设计当中，充分落实了无害化原则。为其切换为新冠定点医疗机构污水站提供了基础。

（3）采用次氯酸钠发生器制备消毒剂，解决了含氯消毒剂储存困难、操作环境恶劣的问题，同时保留了含氯消毒剂便于监测控制的优势。

（4）采用高干带式脱水方式，设备密闭性强，全自动运行减少了操作人员接触感染风险。同时可获得含水率70%以下的污泥，实现污泥减量。

（5）搭载医院污水智慧运维平台，实现了云端技术支持与前台运维操作的有机融合，探索了一种低成本、安全生产、流程规范的管理模式。

本案例为我们在医院污水站的设计、建设、运营方面提供了经验。

医院污水站设计筹划阶段，应当充分考虑将"无害化、分质处理、全过程处理"三原则落实到工艺选择和配置当中，尤其需要根据项目具体情况关注：① 污泥处理、废气处理消杀措施的选择；② 安全可靠的消毒方式选择；③ 深度处理的选择。

本案例中，污水工艺全流程实践、消毒全覆盖理念、智慧运维探索、平疫运营转换，均可为同行业污水站的设计、建设、运营实践提供借鉴。

4.2 池州市第一人民医院污水处理站建设工程案例

4.2.1 项目概况

池州市第一人民医院位于安徽省池州市，该院为三级甲等综合型医院，占地面积 117 亩，建筑面积 13.5 万 m^2，开放床位数 1 189 张。根据环评文件要求，污水处理站按照 1 500 m^3/d 的规模进行设计、施工。

本项目污水主要来源于门急诊、住院部、病房手术室、治疗室、各类检验室、病理解剖室、洗衣房等处排出的医疗、生活及粪便的污水。污水成分复杂，含病原性微生物、有毒、有害的物理化学污染物等，具有空间污染、急性传染和潜伏性传染等特征，不经有效处理会成为疫病扩散的重要途径并严重污染环境。

4.2.2 污水处理工艺流程选择及污水处理站平面布置

1. 工艺流程选择

按照环评文件要求，污水处理站采用"水解酸化＋接触氧化工艺＋竖流式沉淀池＋单过硫酸氢钾消毒"工艺，具体工艺流程如图 4.2-1 所示。

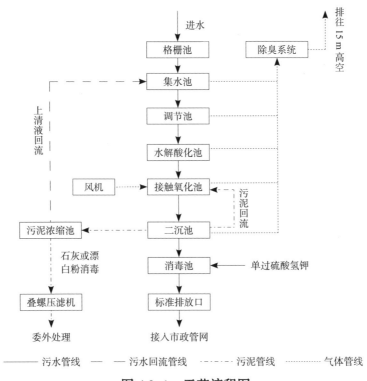

图 4.2-1　工艺流程图

工艺设计中污水生化处理段采用"水解酸化＋生物接触氧化"联合工艺对污水中有机污染物进行去除，污水消毒处理段采用单过硫酸氢钾消毒粉；污泥采用石灰消毒后利用叠螺式污泥压滤机进行脱水处理；污水站采用地埋式钢筋混凝土结构，封闭设计，废气收集后采用"低温等离子＋活性炭吸附"处理。

经过该工艺处理后，其出水水质、污泥、废气应符合国家标准《医疗机构水污染物排放标准》GB 18466—2005 的要求。

2. 污水站平面布置

污水处理主要工艺段分为两段，可适应医院运营初期水量较少阶段的污水处理需求，同时在维护期间可不截污分段交错运行。地下池体包括：格栅渠、集水池、调节池（2 座）、水解酸化池（2 座）、接触氧化池（2 座）、二沉池（2 座）、消毒池（2 座）、污泥浓缩池、排放口；地上设备站房包括：脱水机房、在线监测室、消毒间、废气处理与鼓风机房。本站事故池设置在离站外约 50 m 处。污水站总占地面积 412 m²，其中污水站设备站房面积为 112 m²。污水站平面布置如图 4.2-2、图 4.2-3 所示。

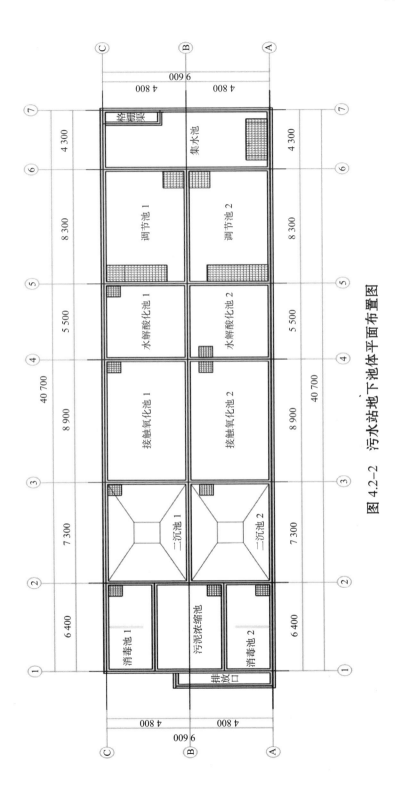

图 4.2-2 污水站地下池体平面布置图

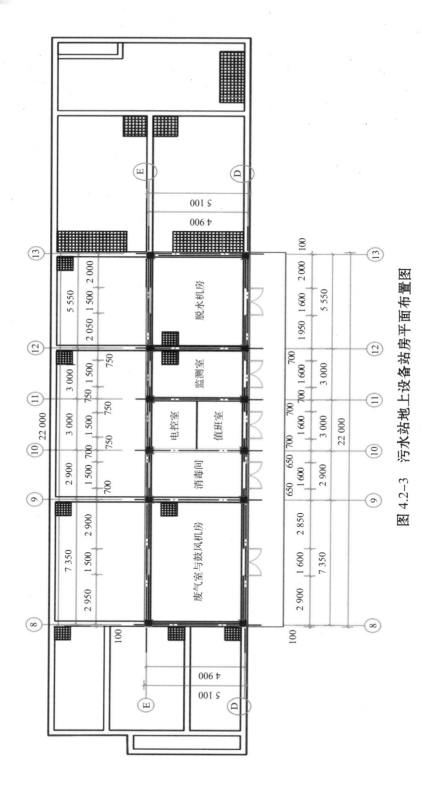

图 4.2-3 污水站地上设备站房平面布置图

4.2.3 污水处理设计方案

1. 设计原则

（1）最大化优化工艺设计，减少投资和占地使用面积。

（2）根据污水特点，选择合理的工艺路线，做到技术可靠、操作方便、易于维护检修、流程简单。

（3）污水处理设备应选用性能可靠、运行稳定、自动化程度高的节能优质产品，确保工程质量及投资效益。

（4）在设计中充分考虑二次污染的防治，设备耐腐蚀，噪声达标，以免影响周围环境。

（5）充分考虑到医院废水的特殊性，所有水池均采用地下式，并加盖密封。剩余污泥排入污泥浓缩池后，经过污泥脱水机脱水处理并消毒后外运处置。

（6）污水处理站内设置必要监控仪表，使污水、污泥处理过程能在受控条件下进行，选用的监控仪表能运行稳定，维修方便。

（7）经济合理，在满足处理要求的前提下，节约建设投资、运行管理费用。

2. 生化处理段设计方案

本案例中生化处理段采用"水解酸化＋接触氧化"工艺组合。医疗污水具有较高的可生化性，其中浓度较高的有机污染物易被微生物降解，主要生化控制指标 COD 和氨氮经过生化处理段处理后，去除率分别可达 85%、70% 以上。

水解酸化池停留时间为 2.5 h，接触氧化池停留时间为 5.0 h。水解酸化池采用上升流形式，底部均匀布水，内部填充组合填料。接触氧化池内部填充组合填料，采用智能溶氧控制系统对曝气进行控制，减少能源消耗。生化段池体内部填料如图 4.2-4 所示，智能溶氧控制系统如图 4.2-5 所示。

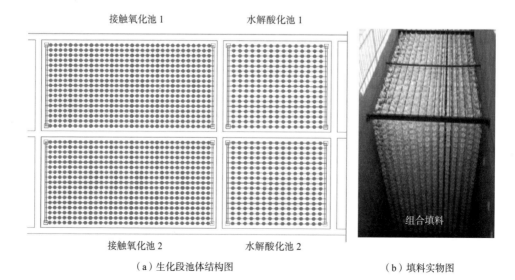

接触氧化池1　　　　　水解酸化池1

接触氧化池2　　　　　水解酸化池2

组合填料

（a）生化段池体结构图　　　　　（b）填料实物图

图 4.2-4　生化段池体内部填料示意图

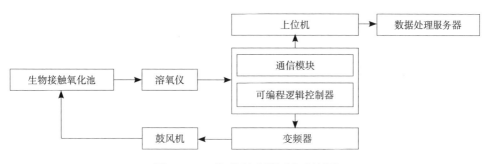

图 4.2-5　智能溶氧控制系统图

3. 消毒段设计方案

该工艺段主要通过投加消毒剂杀灭污水中存在的致病性和感染性病原体。消毒池内设置折流板和穿孔曝气管，以使污水与消毒剂充分混匀。消毒停留时间设计为 2.0 h。消毒剂采用单过硫酸氢钾消毒粉，其通过溶于水后释放的活性氧以及通过催化链式反应而产生的硫酸自由基、氧自由基，进而产生羟基自由基等多种强氧化成分对病原体进行杀灭。该消毒剂为粉剂，易于储存，质量稳定，无泄漏及二次污染等隐患。消毒室与消毒投加装置如图 4.2-6 所示。

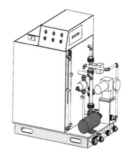

（a）实物图　　　　（b）结构图

图 4.2-6　消毒室与消毒投加装置

4. 污泥处置段设计方案

生化处理段通过附着在生物组合填料上的活性污泥对有机污染物进行处理，活性污泥随着工艺污水处理的进行而增长，其中死亡活性污泥与剩余活性污泥随着水流排出生化段，经过二次沉淀池重力沉淀作用聚集在泥斗中，部分回流继续参与生化处理，剩余部分则排到污泥浓缩池。

本方案中二次沉淀池采用竖流式沉淀池，表面负荷为 1 m³/（m²·h），沉淀时长为 2.0 h。内部设置有污泥回流泵和排泥泵。污泥回流比为 50%。

储存在污泥浓缩池中的污泥首先投入生石灰进行搅拌消毒处理，当 pH 值达到 11 左右时，病原体基本被杀灭。浓缩消毒后的污泥采用叠螺式污泥脱水机进行处理，脱水后的污泥含水率可达到 75% 左右。消毒脱水后的污泥按照危废进行相应合规处置。叠螺机原理图及实物安装图如图 4.2-7 所示。

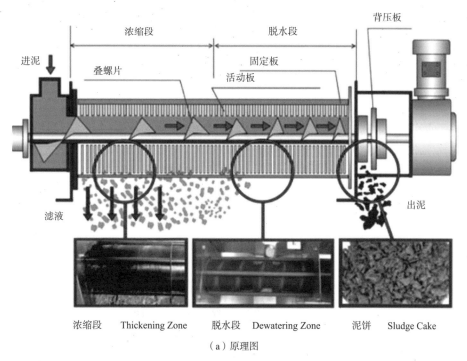

浓缩段　Thickening Zone　　脱水段　Dewatering Zone　　泥饼　Sludge Cake

（a）原理图

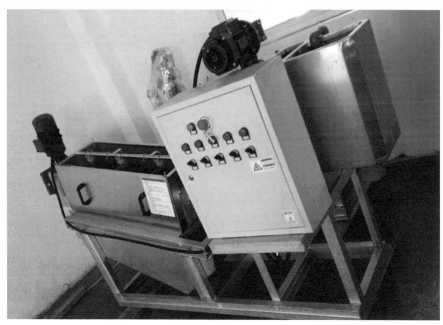

（b）实物安装图

图 4.2-7　叠螺机原理图及实物安装图

5. 除臭系统设计

污水站中污水在处理过程中会散发出具有恶臭气味的废气，其中主要成分为氨气、硫化氢、甲烷、甲硫醇等。本案例污水站采用地埋式钢筋混凝土结构，所有检查口采用不锈钢密闭盖板进行封盖，其中格栅渠安装的回转式机械格栅露出地面部分采用钢化玻璃罩进行封闭，如图 4.2-8 所示。

图 4.2-8　机械格栅罩

污水池体封闭处理后，利用引风机通过连接各池体的管道将废气进行负压收集。经过"等离子除臭＋活性炭吸附"处理后，进行 15 m 高空排放。

本案例中设计废气处理量为 3 000 m³/h，其中地下污水池体内部换气次数按照 8 次/h 设计,污泥脱水间换气次数按照 12 次/h 设计。

除臭系统原理图及实物如图 4.2-9 所示。

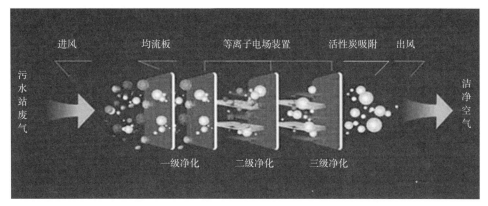

(a)原理图

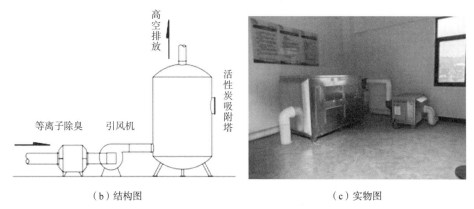

(b)结构图   (c)实物图

图 4.2-9　除臭系统原理图及实物安装图

4.2.4 在线监测系统设计方案

本案例医院属于重点排污单位,对于污水主要排放口需进行水质在线监测,并与环保部门进行联网。站房内部面积设计大于 15 m²,内部净高大于 2.8 m,设有通风设施和给排水设施。监测指标见表 4.2-1。

表 4.2-1　污水站在线监测指标

序号	监测指标	限值	执行标准
1	COD	250 mg/L	《医疗机构水污染物排放标准》GB 18466—2005
2	氨氮	45 mg/L	下游污水厂接管标准
3	pH 值	6 ～ 9	《医疗机构水污染物排放标准》GB 18466—2005
4	流量	—	—

　　主要监测设备包括：COD 在线监测仪、氨氮在线监测仪器、pH 值在线监测仪、超声波流量计。水样取自排放口巴氏槽前端顺直段存水区，通过自动水质采集仪进行混合采集。监测系统与 COD 和氨氮在线监测设备如图 4.2-10 所示。

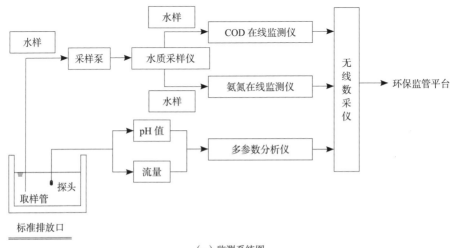

（a）监测系统图

（b）在线监测设备实物图

（c）UPS 电源及稳压电源设备实物图

图 4.2-10　监测系统图与 COD 和氨氮在线监测设备（含 UPS 电源及稳压电源）

4.2.5 物联网系统设计方案

1. 物联网运营平台设计

本案例中污水站物联网系统纳入到 5G 智慧物联云运营平台中，平台帮助管理者精准管控污水站运行的各项指标，通过多维度分析数据找到污水站运营存在的缺陷，为管理者提供良好的决策支持，优化生产运营计划，及时改进生产运营目标，物联网运营平台系统整体架构如图 4.2-11 所示，可观测的指标如下。

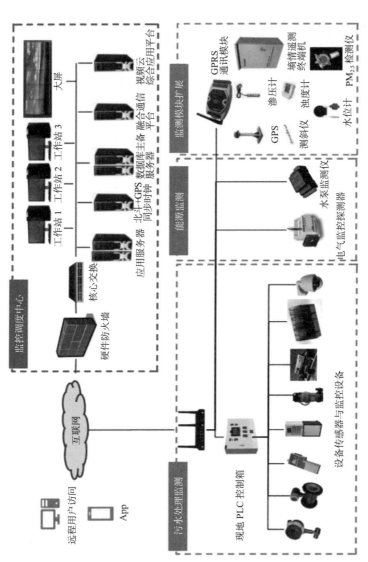

图 4.2-11 平台系统整体架构图

生产数据分析：水质达标率、水质在线指标、以条形统计图的形式展示计划和实际污水处理量，同时显示年月日的数据对比、实时监测显示站点的网络状态、故障设备、开泵次数、停泵次数、水流量、压力数据等。

设备数据分析：设备运行状态、设备参数指标等。

能耗数据分析：以数字形式显示站点年平均电耗、月平均电耗以及当前电耗等。

报警数据分析：通过饼状图的形式实时显示报警已处理数据及未处理数据。

运维数据分析：故障申报、维修工单、维修验收、设备维保记录等。

2. 污水站点可视化监控

通过各类传感器实时自动获取治理设施的运行数据，建立集中的告警分析及展现平台，并为监管部门提供灵活、针对性强的事件处理建议。通过调用视频监控，实时监控污水站各工艺段、设备以及运维巡检维修过程中的视频图像，工艺过程打开后，相关摄像头联动打开。摄像头转向哪个方向，系统联动控制（多画面显示、支持镜头缩放、图像自动轮询）。污水站物联网平台可视化监控页面如图 4.2-12 所示。

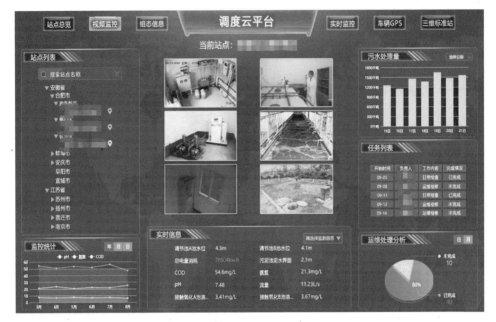

图 4.2-12　污水站物联网平台可视化监控页面

3. 数字化生产运行管理

（1）全面覆盖监测管网。对系统管辖范围内污水管网进行关键节点、区域划分，依据管网之间的上下游位置、管网干支关系合理选择布点方法，布设安装管网水质传感器，实现监测水域管网全面覆盖，关键管网节点精准监控。

（2）实时监控污染源头。对污水出水口水质及水量进行监测，根据水质水量的波动情况预测对处理设施处理效率的影响，实现处理设施预警预报功能；同时实时在线监控水质污染变化及趋势，有助于诊断排水超标的原因。

（3）精准监测处理设施。在污水站处理设施进水口安装小型水质自动监测站进行实时监控，实时记录汇入水质的变化，实现精准监测处理设施。

污水站物联网平台数字化管理页面如图 4.2-13 所示。

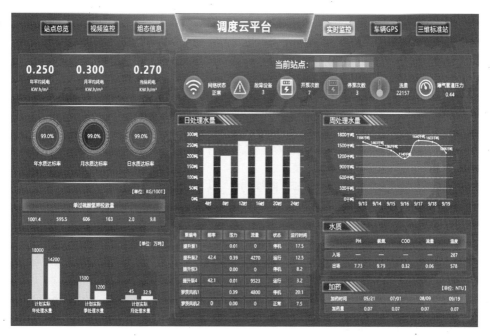

图 4.2-13　污水站物联网平台数字化管理页面

4. 智能运维管理（App 端）

（1）设备台账。设备管理是污水站运营的重要工作，通过信息化技术与现代化管理相结合，更加有效地管理设备资源。设备台账记录设备的详细信息，包括设备参数、维保资料等重要信息。对设备基本信息进行管理，可对设备进行增加、查看、修改、闲置、停用、报废等管理，设备信息包含设备名称、编号、所属区域、安装位置、设备类型、启用状态、设备状态、启用日期、报废日期、设备有效期、厂家等。

（2）维修管理。设备的稳定运行，是运营的关键指标。设备监控中心帮助设备运维人员监控设备的关键运行状态和指标，使设备运维工作人员快速处理设备故障、按时完成设备维保任务。相关设备运维的管理者也可通过设备监控中心的多维度分析数据，制订设备维保的改进、优化计划。

故障申报： 对设备故障申报信息进行管理，可通过关键词和维修状态进行信息搜索，包含工单编号、设备名称、故障状态、紧急程度、上报人、上报时间、故障来源、维修状态等信息。

维修工单： 对所有维修工单进行查看管理，可通过关键词和维修状态进行信息搜索，包含工单编号、设备名称、故障信息、维修人、维修时间、维修状态等信息。

维修反馈： 维修员工通过 App 对维修结果行上报，上传故障原因及处理办法，管理人员可将部分经典维修反馈上传至知识库，逐步形成系统知识库。

维修验收： 对所有维修验收工单进行查看管理，可通过关键词进行信息搜索，包含工单编号、设备名称、故障信息、维修人、维修时间、维修验收评价、验收人等信息。App 端远程管理页面如图 4.2-14 所示。

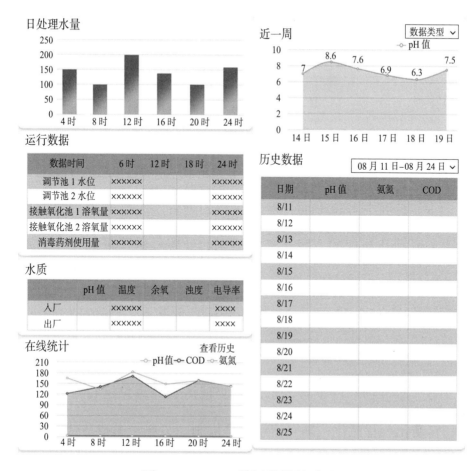

图 4.2-14　App 端远程管理页面

4.2.6 工程案例分析

本工程污水处理站采用的工艺流程，处理后出水水质满足国家标准《医疗机构水污染物排放标准》GB 18466—2005 的要求，设计也满足行业标准《医院污水处理工程技术规范》HJ 2029—2013 的要求。主要系统设计具有运行节能、便捷管理、提高工作效率的优点，实现了污水站智慧化运行的目标。本工程案例有以下特点：

（1）污水处理工艺流程具有抗高负荷冲击的能力，且出水水质稳定。工艺段分组的设计合理解决了系统维护期间医院不间断来水的问题。

（2）单过硫酸氢钾消毒粉的应用，解决了含氯消毒剂在运营管理中对操作人员具有高腐蚀性和较高毒性的伤害风险问题。

（3）案例中考虑全面，对于污泥的处置、废气的收集与处理均采用了可靠及合理的方案，其中污泥的处置杜绝了可能存在的感染性风险。

（4）充分考虑了节能设计，对高能耗设备采取了智能控制设计，如曝气风机的智能控制系统。

（5）通过物联网平台的形式，实现污水处理站运行管理的数字化、自动化、智慧化；确立信息共享机制，实现污水站站点的智慧化运营管理。

医院污水处理站设计中不仅需要考虑污水的处理，还需考虑污泥及废气的处理。在本方案中，对于水（污水）、固（污泥）、气（废气）三相的处理方案进行了比较合理的设计，有效地减少了污染物的排放量，同时在各项设计中综合考虑了节能要求。

本案例在考虑工程建设的同时，也纳入了先进的物联网设计，为后续的污水站运营管理工作减轻了许多工作量，同时也为同行业其他污水站运维管理模式提供了更加先进的思路。

4.3 北京大学国际医院污水处理站建设工程案例

4.3.1 项目概况

北京大学国际医院位于北京市昌平区中关村生命科学园，医院总建筑面积 44 万 m^2，床位 1 800 张，门诊量日均 7 000 人次。污水站设计水量 2 400 m^3/d，医院污水包含放射性污水、检验科酸碱污水、感染科污水和医院综合污水。特殊污水经预处理后进污水站进行处理，污水站采用稳定的二级生化＋深度处理＋消毒工艺，确保出水水质达标排放。

4.3.2 污水处理工艺流程及污水处理站平面布置

污水处理站工艺流程包含污水处理工艺流程、污泥处理工艺流程和废气处理工艺流程，如图 4.3-1 所示。

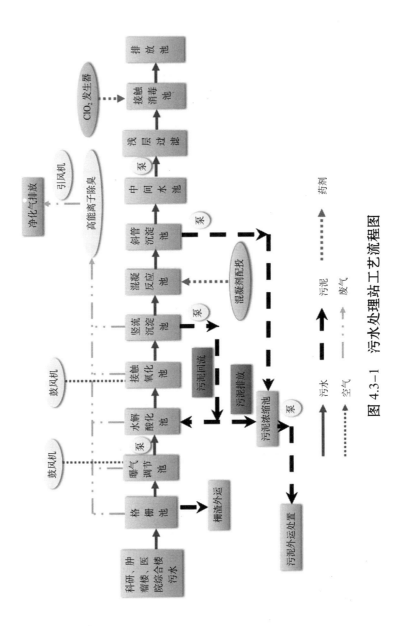

图 4.3-1 污水处理站工艺流程图

污水处理站地上一层设有楼梯间和中控间,地上一层平面布置如图 4.3-2 所示。

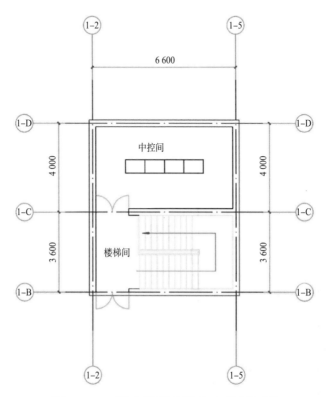

图 4.3-2　污水处理站地上一层平面图

污水处理站地下一层包含加药间、盐酸间、格栅间、风机间、尾气处理间、水解酸化池、接触氧化池、竖流沉淀池、混凝反应池、斜管沉淀池、中间水池、接触消毒池和污泥浓缩池,地下一层平面布置如图 4.3-3 所示。

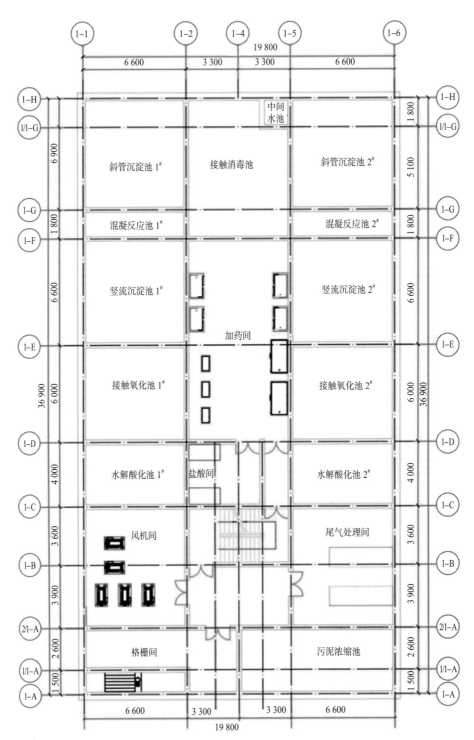

图 4.3-3　污水处理站地下一层平面图

地下二层包含泵间、过滤间、曝气调节池、水解酸化池、接触氧化池、竖流沉淀池、斜管沉淀池、中间水池，地下二层平面布置如图4.3-4 所示。

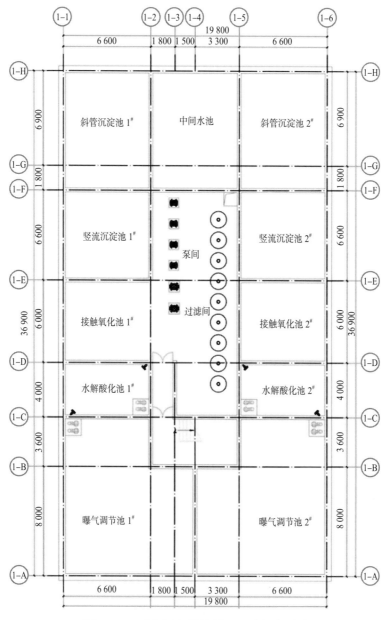

图 4.3-4　污水处理站地下二层平面图

4.3.3 污水处理设计方案

1. 设计进出水水质

进水水质根据院方提供资料并结合类似项目指标确定。出水水质执行国家标准《医疗机构水污染物排放标准》GB 18466—2005 中预处理标准，具体指标见表 4.3-1。

表 4.3-1　污水处理站进、出水水质指标

序号	水质项目	进水水质	出水水质
1	pH 值	6 ~ 9	6 ~ 9
2	COD / (mg/L)	≤ 350	≤ 250
3	BOD_5/ (mg/L)	≤ 150	≤ 100
4	SS/ (mg/L)	≤ 90	≤ 60
5	粪大肠菌群数 / (MPN/L)	≤ 1.6×10^8	≤ 5 000

2. 设计原则

（1）根据进、出水水质要求，选用适合本项目实际的、先进的、成熟的污水处理工艺，达到低能耗、低运行费、低基建费，少占地、管理方便、运行稳定、工期短的目标。

（2）在满足出水水质的条件下，优化工艺，合理布置，节约费用。

（3）在设计参数的选取上，既考虑到当前实际，又为将来发展留有余地，秉承当前与将来兼顾的原则。

（4）采用先进、可靠的自动化控制技术，提高污水站的运行管理水平，保证污水站运行在最佳状态；选用的监控仪表运行稳定，维修方便，操作简便。

（5）选用质量好、价格低、效率高的污水处理通用设备，减少维修工作量，增强运行的稳定性。

（6）采用先进的节能技术，降低污水处理站的能耗及运行成本。

（7）贯彻经济性与可靠性并重的设计原则，在合理降低工程造价和运行费用的前提条件下，最大限度地提高工艺系统的可靠性，并兼顾运行操作与管理维护的便利。

3. 建址选择原则

（1）污水处理站进口靠近医院排水管网的终端。

（2）污水处理站建在医院建筑物当地夏季主导风向的下风向。

（3）考虑工程地质情况，节省造价，方便施工。

（4）充分利用地形，节约用地。

（5）考虑交通、供水和供电等方面的条件。

（6）符合规划要求。

4. 污水站工艺系统介绍

（1）污水处理。

1）污水的预处理。经化粪池预处理的污水自流进入格栅渠中。在格栅渠中污水的漂浮物等被格栅机去除。经过格栅拦截处理后的污水进入调节池，在调节池中，经过空气搅拌进行调质，调匀后的污水通过污水提升泵提升进入水解酸化池。

2）污水的生化处理。在水解酸化池中，污水与水中的回流污泥混合，并发生水解反应，提高废水可生化性，易于后续的好氧生化处理。

经过水解酸化池处理后的污水自流进入接触氧化池中，在鼓风曝气条件下，利用池中的微生物的吸附氧化作用和微生物的内源呼吸作用对水中COD进行降解后，进入竖流沉淀池，经泥水分离后，进入混凝处理部分。竖流沉淀池中污泥回流至水解酸化池，为水解酸化池提供碳源，保证水解酸化池的污泥浓度。剩余污泥外排至污泥浓缩池。

3）污水的混凝过滤处理。通过生化处理后的污水自流进入混凝反应池中，在反应池中加入絮凝剂PAC和助凝剂PAM，在搅拌条件下，使水中悬浮物和胶体物质与药剂发生混凝反应，并生成较大颗粒矾花后，进入斜管沉淀池中进行泥水分离，在斜管沉淀池中，污泥沉降到池底，中层和上层形成清水层，从而达到泥水分离的目的。污泥用污泥泵定期排出至污泥浓缩池中。

清水进入后续的中间水池。然后用水泵加压后进入过滤器中，通过过滤除去残留的悬浮物后，进入接触消毒池中。过滤器的反冲洗水来自后续单元的排放池。反冲洗产生的污水回流到竖流沉淀池中。

4）污水消毒与检测排放。在接触消毒池的进水管中设置管道混合器，将二氧化氯加入管道混合器中，使二氯化氯药剂与处理水充分混合，再进入接触消毒池，通过 1.5 h 以上的停留时间后，水中细菌被杀灭。接触消毒池的出水进入排放池中，在排放池中可采样检测，经采样检测的处理水达到国家标准后排入院外排水管网。

（2）污泥处理。生化处理产生的剩余活性污泥和混凝处理产生的沉淀污泥排入污泥浓缩池中。当污泥浓缩池中的污泥达到一定量后，加入消毒剂。经消毒处理的浓缩污泥外运至危险废物处置机构进行专业化处置。在污泥收集过程中所产生的上清水、清洗水等全部进入调节池，进行再处理后达标排放。

（3）臭气处理。污水站产生的废气经收集管道收集后，经高能离子除臭设备处理达标后排放。臭气处理工艺流程：臭气收集系统→高能离子除臭→引风机→排放系统。

高能离子除臭原理：离子除臭单元在高压电场作用下，产生大量的正、负氧离子，具有很强的氧化性，能在极短的时间内氧化、分解甲硫醇、氨、硫化氢、醚类、胺类等污染因子，打开有机挥发性气体的化学键，最终生成 CO_2 和 H_2O 等稳定无害的小分子，从而达到净化臭气的目的。活性离子具有很高的热动能，极大地提高了与微生物蛋白质和核酸物质的作用效能，可在极短的时间内使微生物死亡，同时达到杀灭细菌、病毒的目的。

4.3.4 工程案例分析

该污水站工艺合理、布局清晰，符合国家标准《医院机构水污染物排放标准》GB 18466—2005、团体标准《医院污水处理设计规范》CECS 07：2004、行业标准《医院污水处理工程技术规范》HJ 2029—2013 标准要求。该案例有以下几个特点：

（1）采用二级生化＋深度处理工艺确保出水水质稳定达标。

（2）污水站采用全地下结构节省占地、噪声低、不影响周边环境、温度恒定、安全性好。

（3）地上仅保留检查井和楼梯间，地上作为医院绿化面积，与周围环境协调美观。

4.4 北京市宣武医院污水处理站建设工程案例

4.4.1 项目概况

首都医科大学宣武医院（简称"宣武医院"），始建于 1958 年，是以神经科学和老年医学为重点的三级甲等综合医院,是我国神经科学初创基地和人才培育的摇篮之一。该医院开设病床 1 000 张,日门诊量约 5 000 人次。本项目为宣武医院污水处理工程项目,污水来源主要为国家神经疾病医学中心、中国国际神经科学研究所、国家老年疾病临床医学研究中心等五项机构的生活污水和相关病人在就诊、治疗、住院过程中产生的携带有大量病菌的病区医疗和生活污水等。宣武医院污水处理站日处理规模设计为 600 m^3/d。

4.4.2 污水处理站工艺流程及平面布置

1. 工艺流程选择

项目要求宣武医院污水处理站出水水质满足国家标准《医疗机构水污染物排放标准》GB 18466—2005 的要求,项目设计采用"机械格栅+调节池+缺氧池+接触氧化池+沉淀池+接触消毒池"工艺进行污水处理,具体工艺流程如图 4.4-1 和图 4.4-2 所示。

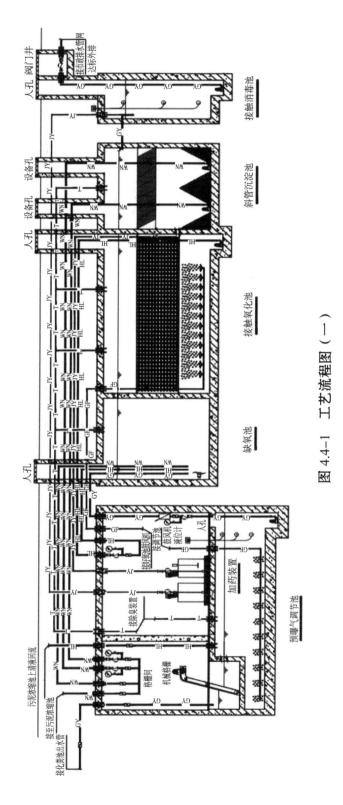

图 4.4-1 工艺流程图 (一)

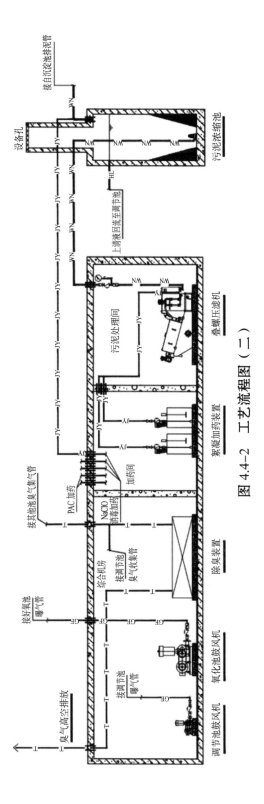

图 4.4-2 工艺流程图（二）

院区污水自流过机械格栅去除大粒径悬浮物或杂质后进入调节池。调节池底部设有穿孔曝气系统，均和水质水量和预曝气后，池内废水经泵提升至缺氧池和接触氧化池。缺氧池和接触氧化池内含有大量的活性污泥微生物，可有效去除污水中的氨氮、总磷等污染物，同时降低污水中 COD、BOD_5 含量。接触氧化池内硝化液回流至缺氧池的前端，接触氧化池的出水自流进入斜板沉淀池进行泥水分离，斜板沉淀池出水进入接触消毒池，通过投加次氯酸钠药剂进行有效消毒，然后通过泵提升后达标排放。

斜板沉淀池泥斗中污泥部分回流至缺氧池的前端，部分定期排至污泥浓缩池，污泥浓缩池内污泥通过重力浓缩和投加次氯酸钠进行有效消毒后，经泵输送至污泥脱水机进行脱水处理。污泥脱水机的泥饼作为危废外运处理处置，污泥浓缩和脱水后的上清液回流至调节池进行废水再处理。

系统设置臭气收集处理装置，主要利用引风机、电催化氧化设备和活性炭设备对污水站池体、格栅间和污泥脱水间产生的臭气进行收集处理，达标排放。

2. 平面布置

宣武医院污水处理站主体构筑物为全地下钢筋混凝土结构，地上建筑物仅有楼梯间，尺寸（长 × 宽 × 高）约为：4 m × 2.5 m × 3 m。污水处理站总占地面积约 313 m², 地下污水处理站设备间面积约 92 m²。

宣武医院污水处理站设两套系统并联运行, 单套系统污水处理量为 300 m³/d, 该设计可适应医院运营初期水量较少阶段的污水处理需求, 同时在维护期间可不截污分段交错运行。宣武医院在污水处理站外已设置单独的事故废水收集处理设施, 和本工程不相关, 所以不做过多表述。

宣武医院污水处理站地下建（构）筑物分为两层布置, 具体的平面布置图如图 4.4-3 所示, 其主要包括:

（1）地下负一层建（构）筑物: 主要为缺氧池（两座）、接触氧化池（两座）、沉淀池（两座）、接触消毒池（两座）、污泥浓缩池和设备间等, 设备间主要包括格栅间、加药间、污泥处理间与鼓风机房等;

（2）地下负二层建（构）筑物: 主要为格栅井和调节池（两座）等。

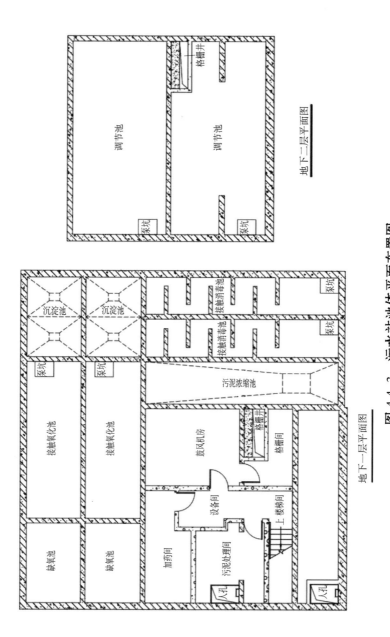

地下二层平面图

地下一层平面图

图 4.4-3　污水站池体平面布置图

4.4.3 污水处理设计方案

1. 设计原则

（1）最大化优化工艺设计，减少投资和占地面积。

（2）根据污水特点，选择合理的工艺路线，做到技术可靠、操作方便、易于维护检修、流程简单。

（3）污水处理设备应选用性能可靠、运行稳定、自动化程度高的节能优质产品，确保工程质量及投资效益。

（4）在设计中充分考虑二次污染的防治，设备耐腐蚀，噪声达标，以免影响周围环境。

（5）充分考虑到医院污水的特殊性，所有水池均采用地下式，并加盖密封，剩余污泥排入污泥浓缩池浓缩、消毒后经泵提升至污泥脱水机脱水处理。

（6）污水处理站内设置必要的监控仪表，使污水、污泥处理过程能在受控条件下进行，选用的监控仪表能稳定运行，维修方便。

（7）经济合理，在满足处理要求的前提下，节约建设投资、运行管理费用。

2. 生化系统设计方案

（1）设计规模：600 m³/d，分两套并联运行，单套处理量为300 m³/d。

（2）设计进水水质。依据医院污水设计规范和相关工程经验，设计进水水质见表4.4-1。

表4.4-1　设计进水水质指标

序号	项目	水质指标
1	COD/（mg/L）	300 ~ 350
2	BOD$_5$/（mg/L）	120 ~ 200
3	SS /（mg/L）	150 ~ 250
4	NH$_3$-N /（mg/L）	30 ~ 50

（3）设计出水水质。院区污水经污水处理站系统处理后的出水水质需满足国家标准《医疗机构水污染物排放标准》GB 18466—2005限值，主要水质指标见表4.4-2。

表4.4-2　设计出水水质指标

序号	项目	水质指标
1	COD/（mg/L）	≤ 250
2	BOD$_5$/（mg/L）	≤ 100
3	SS /（mg/L）	≤ 60
4	粪大肠杆菌数 /（MPN/L）	≤ 5 000

（4）生化系统工艺参数设计要求包括：

1）缺氧池和接触氧化池有效水力停留时间共约 14 h；

2）系统设计运行温度 12 ~ 40℃；

3）系统污泥浓度 3 ~ 4 g/L；

4）硝化液回流 100%；

5）污泥回流 50%；

6）斜板沉淀池比表面负荷 1 m³/（m²·h）。

（5）系统出水消毒系统设计方案。沉淀池上清液自流进入接触消毒池，经过严格消毒后，可实现达标排放。该工艺段主要通过投加次氯酸钠杀菌剂杀灭污水中存在的致病性和感染性病原体。消毒池内设置折流板和穿孔曝气管，以使污水与消毒剂充分混匀。消毒池有效氯投加浓度为 25 mg/L，接触消毒池水力停留时间设计约 7 h。

（6）污泥消毒及处理处置设计方案。污水处理站内污泥处理需满足国家标准《医疗机构水污染物排放标准》GB 18466—2005 中污泥处理要求，在污水处理站范围内需对污泥进行消毒和脱水处理，污水站内脱水污泥泥饼和栅渣需找专业的第三方危废处理公司进行合规处理处置。

污水处理系统正常运行过程中需定期外排剩余污泥至污泥浓缩池，污泥在污泥浓缩池中进行重力浓缩，待浓缩污泥含水率达到 98%时，向池内投加次氯酸钠杀菌剂进行有效消毒，有效氯投加浓度约 2.5 g/L，消毒反应时间大于 4 h，待污泥浓缩池内污泥充分杀菌消毒后泵至污泥脱水机进行脱水处理，脱水后上清液回流至调节池再处理，脱水泥饼外运处理处置。

（7）出水在线监测系统设计方案。宣武医院属于重点排污单位，污水排放口需进行水质在线监测，并与环保部门进行联网。出水监测设备有：COD 在线监测仪、氨氮在线监测仪器、余氯在线监测仪、pH 值在线监测仪和流量计等。在线监测设备所测水样取自排放口，通过自动水质采样仪进行混合采集，在线监测设备检测后的数据通过现场数采仪远传到环保局数据监测平台。

（8）除臭系统设计方案。污水处理站中污水在处理过程中会散发出具有恶臭气味的废气，其中主要成分为氨气、硫化氢、甲烷、甲硫醇等。本案例污水站采用地埋式钢筋混凝土结构，所有检查口采用盖板进行封盖。污水池体封闭处理后，利用引风机通过连接各池体的管道将废气进行负压收集，然后通过光催化氧化设备和活性炭设备处理后，通过 15 m 烟筒高空排放，排放废气满足国家标准《医疗机构水污染物排放标准》GB 18466—2005 表 3 中的臭气控制要求。

（9）自动化控制系统设计方案。污水处理站系统设计 PLC 程序自动控制，在正常运行时基本实现无人值守，运行过程中只需人员定期巡检、加药和污泥脱水操作等。其自动化设计主要表现在：

1）污水站系统所有设备都设置为"手、自动开关控制"模式，正常运行时设备打到"自动开关"，系统 PLC 控制运行；当出现故障和报警，需要对设备进行检修时，可点击操作屏或现场按钮箱打到

"手动开关"，进行相关设备操作或检修作业，待设备操作和检修工作完成后再打回"自动开关"，设备恢复自动运行；

2）水泵、风机都设置为1用1备，故障时自动切换，正常运行时定时切换等；

3）水泵与液位联锁，液位控制设置为浮球和静压式液位计双保护；

4）加药泵和提升泵联锁运行，实现自动加药；

5）PLC控制箱上安装设备故障报警蜂鸣器，可提醒巡检人员需要进行故障处理等。

4.4.4 工程案例分析

宣武医院污水处理项目中，第三方公司通过自身的工程经验和技术实力，制订了完整的、合理的工艺路线和技术方案，对宣武医院产生的废水、废气和固废等进行系统地统筹规划处理，实现了宣武医院污水处理站废水、废气的达标排放和固废的合理化处理处置。该项目为全国各地区医院污水处理项目的标杆，是医院污水处理项目中的典型成功案例。

医院污水中含有很多有害物质，其中包括病原体、重金属、酸碱、消毒剂、有机溶剂和其他一些放射性物质等。这些没有经过严格处理净化和消毒的污水，势必会给人类的身体健康和周边环境带来严重的危害和影响。宣武医院通过严格执行国家及卫生行政部门关于医疗机构污水处理的相关法律法规，严格参考国家各类工程建设技术规范和成功的工程案例经验修建医院污水处理站，合理、规范地处理了医院污水，使其"水、气、固"三废达标排放或合规处置。这对保护国家水资源，恢复城市、流域的良好水环境，对城市居民、医院乃至国家都带来了良好的社会和经济效益。

参 考 文 献

［1］黄正文，张斌，艾南山，等．八种医疗废物处理方法比较分析［J］．中国消毒学杂志，2008（03）:313-315.

［2］车瑞杰，李继宁，张胜田，等．国内外医疗废物处理主要技术应用及发展［J］．当代化工研究，2022（06）:54-56.

［3］侯铁英，廖新波，胡正路．医疗废物处理的研究进展［J］．中华医院感染学杂志，2006（12）:1438-1440.

［4］白云鹤，范洪波．医疗废物处理的技术选择与发展趋势分析［J］．东莞理工学院学报，2011，18（05）:39-43.

［5］赵淑霞，王凯军．医院污水排放标准与医院污水处理技术探讨［J］．中国环保产业，2005（11）:29-31.

［6］陈惠华，萧正辉．医院建筑与设备设计［M］．北京：中国建筑工业出版社，2004.

［7］陈志莉，张统．医院污水处理技术及工程实例［M］．北京：化学工业出版社，2003.